山田典章

農文協

日本で初めて
オリーブの有機栽培に成功
栽培から搾油・販売まで
夫婦で行う

10月、収穫を迎えた
オリーブの実

著者と妻。2010年に家族で東京から小豆島に移住して新規就農。日本で初めてオリーブ栽培で有機JASを取得。オリーブオイルは山田オリーブ園のホームページで販売
（photo by Chocco Suzuki）

豊かなオリーブ園（第２章）

オオイヌノフグリやスミレなどの一年草が花を咲かせる。下草は在来の草が中心

オリーブも草も青々と茂る盛夏。月に１度は草刈りし、刈った草はその場で土に還す

草生栽培で生き物が

豊かな草生栽培の畑は真冬でもハコベなどの柔らかい一年草が畑を覆う

著者のオリーブ畑は、もともと水田だった場所も多い。畦に植えられていたヒガンバナが秋を彩る

農薬を使わない独自の
オリーブアナアキゾウムシ対策（第3章）

幼虫が根元を食害して木を枯らしてしまう、オリーブ最大の害虫。徹底的に観察することでオリーブアナアキゾウムシの生態を明らかにし、無農薬での防除方法を確立した。

オリーブアナアキゾウムシの成虫

幼虫

枯れた木の根元の樹皮をめくると、全周が幼虫によって食い荒らされていた。1本の木を集中的に食害する

幼虫の被害が出た木やその周辺の木の根元で成虫が見つかることが多い（矢印）。地際、支柱の結び目など見えづらいところにいるので、よく探す

ゾウムシはここにいる!

幼虫が出したオガクズ状の糞。これを見つけたら内部に幼虫がいる

幼虫の食害による樹皮の黒い染み

マイナスドライバーで樹皮を少しずつめくって幼虫を探し、見つけたら掻き出す

成木には洞が空くことがある（矢印）。ゾウムシの棲み処になるので、真砂土などを入れて埋める

ゾウムシの成虫が現れる場所や、幼虫の被害痕は根元に集中する。幼虫の糞を発見しやすくしたり、成虫が嫌う明るい環境を作るために根元周りには草を生やさない

元素麺工場を改装して2016年に作った搾油所。搾油機（写真右）はイタリアから輸入。かかった費用は約600万円。搾油所も有機JASを取得

自家搾油所で自分だけのオリーブオイルを搾る（第4章）

山田オリーブ園のオリーブオイルのパッケージ。品種毎に搾ったエキストラバージンオリーブオイルと、カンキツ類の香りがするフレーバーオイルを製造

オリーブの実のカラースケール

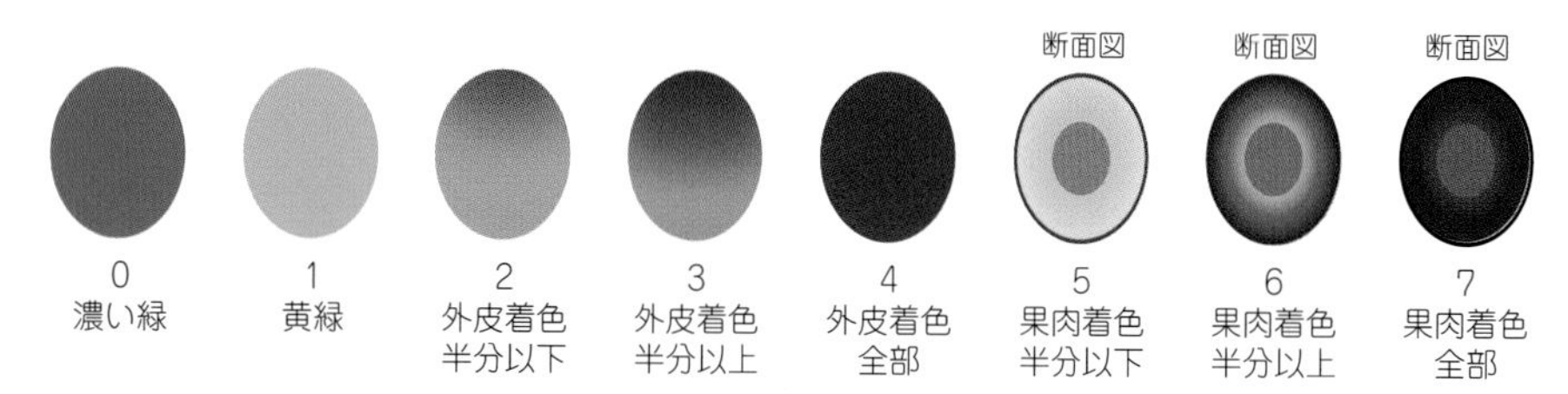

熟すにつれて着色が進む。緑果の塩漬け用には1～2を使用。香りや辛みが強い早摘みオイルには0～2を使う。3～5は搾油率も高く柔らかな風味に。7のブラックオリーブはシロップ漬けなどに加工（詳しくは134ページ）

写真のような炭疽病にかかった実や、大きな傷や虫食いのある実は選果で取り除く

収穫したオリーブの実。品種や畑によって、オリーブの熟度は大きく異なる

品種ごとにオリーブオイルの色や香りや味わいは変わる。品種は左からレッチーノ、アルベキーナ、ネバディロ・ブランコ、フラントイオ

さまざまなオリーブ加工の研究・開発を行う（第5章）

薬品を使わない実の渋抜き・加工法

一般には苛性ソーダで実の渋抜きをするが、著者は苛性ソーダを使わない渋抜きの方法や実の食べ方を研究。自家製のテーブルオリーブ（実の加工品）も販売する

重曹水で渋を抜いた塩漬け

塩水に漬け込み渋を抜く

水に浸けるだけの渋抜き

赤ワイン漬け

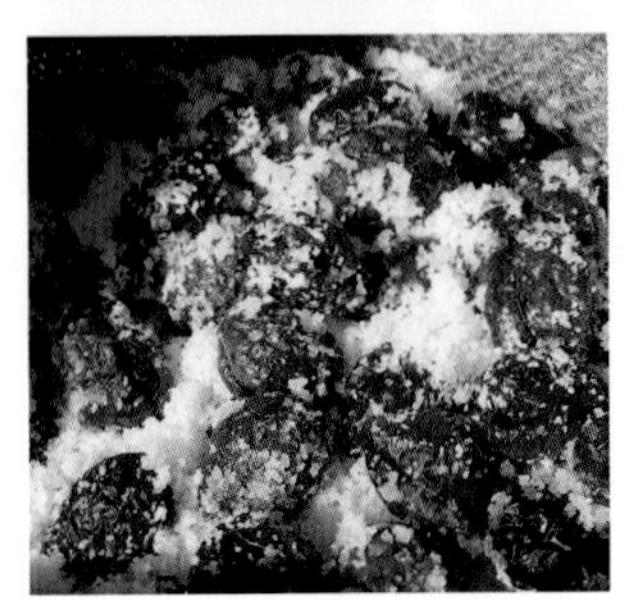

塩をまぶして渋を抜く

実を日本酒に漬け込んだオリーブ酒

スキンケア商品

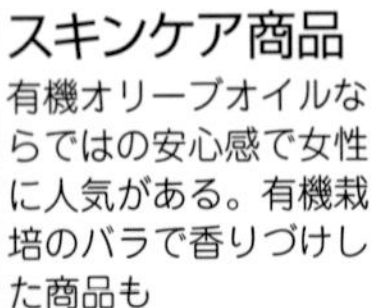

有機オリーブオイルならではの安心感で女性に人気がある。有機栽培のバラで香りづけした商品も

オリーブ茶

オリーブの葉にはオレウロペインという固有のポリフェノールが豊富に含まれており、健康に関心のある人に人気

もくじ

第2章　オリーブ栽培の実際

目次

目次

第7章 僕のオリーブ経営

本文イラスト 角 慎作

序章

僕がオリーブ農家になったわけ

20年近く続けた東京でのサラリーマン生活から一転、香川県の小豆島に移住して1本目の苗木を植えてから11年になります。今は約1haの畑で500本のオリーブを育て、その実を摘み、自家搾油所で搾り、直接お客さんにオリーブオイルを売って家族3人で暮らしています。

オリーブとの最初の出会い

サラリーマンになって20年目を迎えようかという頃、このままずっと今の仕事を続けていくことが、心身ともに難しくなっていました。そんな時期に妻の故郷である小豆島で少し長めの休暇を取ることになり、特にやることもなかったので、親戚のみかん畑に行って、次々生えてくる竹を切ったりしていました。誰とも会わず、一人黙々と竹を切り、疲れたら手を休め、空を眺める時間に、不思議と懐かしい安らいだ気持ちになったのを覚えています。

1週間が過ぎ、そろそろ東京に帰る頃、これが仕事にならないだろうか、と突然思いつきます。そして、小豆島に農業改良普及センターがあったことを思い出しダメ元で訪ねてみました。「荒れた畑の竹を切って食っていくことはできませんか?」と普及センターの職員の人に聞いてみると「竹を切るだけではダメだけどオリーブを植えたら食っていけるかもしれません」そんな返事が返ってきました。

じつは、それまでオリーブのことを意識したことはありませんでした。職員さんにオリーブと言われ、そういえば小豆島はオリーブが有名だったな、というこ

小豆島オリーブ公園

とを思い出したくらいです。とりあえず、小豆島のオリーブ農家の平均的な収支が書かれた資料などをもらって出てきました。ふと、普及センターの周りを見ると、そこらじゅうにオリーブの木が植わっています。この木を植えて、実を採って、それがお金になるのなら、そんなシンプルでおもしろそうな仕事はないな、そう直感しました。

けれど、「小豆島でオリーブ農家になってみたい」という思いつきも少し冷静になると、やはり突飛すぎます。そこで、ひとまず東京に帰り、それまで通りのサラリーマン生活に戻りました。これまでの暮らしに戻れば、オリーブ農家になりたいなんていう思いつきも徐々に忘れてしまうだろうという妻の願いも虚しく、僕の中ではオリーブ農家になりたいという願望は強くなるばかりでした。ことあるごとに妻を説得し続け、2年ほどたったある日、とうとう会社を辞め、3年という期間限定で小豆島に移住することになります。

オリーブ専業で食っていけるか——タイムリミット3年の挑戦

移住して3年で家族3人が食っていけるメドが立たなかったら、あきらめて東京に戻るという約束を妻としました。まずは先輩農家さんたちにオリーブ栽培の話を聞きに行きつつ、貸してもらえる畑はないか相談すると、徐々にオリーブ栽培の実際のところがわかってきます。オリーブの専業農家で食っていくというのは難しいということ、どうしてもオリーブだけで食っていくのなら、3～4haの

最初にお借りした畑

畑に2000本くらいのオリーブを植えると、ぎりぎり何とかなるかもしれないということ。ほとんどの先輩農家さんたちは兼業農家で、他の仕事をしながらオリーブを育てることをすすめられました。

また、畑探しが思いのほか難航しました。地縁、血縁が強い島でよそ者に大事な土地を貸してくれる人はなかなかいません。それでも探していると、ようやく10a弱の畑を貸してくださる人と出会えますが、狭い島の中で何haもの広大な土地が見つからないこともわかり始めました。いったん、島の中で仕事を見つけ、土日中心にオリーブを栽培する兼業農家になることを考えてみましたが、中途半端なことをしていると、あっという間に3年という約束の期間が過ぎてしまいます。限られた土地でも食っていけるオリーブの専業農家になるための挑戦に集中してみよう、そう決めました。ダメなら東京に帰るだけです。そこで出した結論が、誰もやったことがないオリーブの有機栽培に挑戦することでした。

誰も成功したことがないオリーブの有機栽培

狭い土地で収益を上げるためには、1本当たりの収穫量を増やすか、原価を下げるか、売り値の単価を上げるしかありません。1本当たりの収穫量を上げるのは、オリーブ栽培のノウハウそのもので、言うは易(やす)く行うは難(かた)しです。そのための努力はするとしても、それ以外の方法を考えなくてはいけません。

そこで、単価を上げる方法が最も可能性があるのではないかと考えました。オリーブの実をそのまま農協へ出荷するとその当時1kg当たり700～1000円

有機栽培のオリーブ畑

くらいだったと思います。しかし、実を自分で加工してオリーブオイルにすると、もっと高く売れて、さらに自分でお客さんに直接販売することができれば、販売の手数料を払わずにすみます。

しかし、当時でも小豆島では、いくつもの大きな会社がオリーブの栽培から加工、販売までを手掛けていました。莫大な広告費を掛けて大量販売している会社と競争して、小さな家族経営の農家のオリーブオイルをお客さんに選んでもらうためには何ができるか？　その答えが、誰も成功していなかった有機栽培でした。

農薬を使わないと決めた理由

一般的な日本のオリーブの慣行栽培では、有機リン系の農薬やネオニコチノイド系の強い農薬を使用しています。これらの農薬の人体への影響は、問題のないレベルまで改良されているといわれています。しかし、ヨーロッパなどでは、人への影響がゼロではないことや、自然環境への負荷が高いなどの理由で、使用が禁じられているか使用方法が厳しく制限されています。

もし、日本が戦後の食糧難のような時代でしたら、農薬の人間や自然への影響なんていっている場合ではありません。しかし、今の日本は先進国のヨーロッパと同じ水準の生活ができています。極論かもしれませんが、日本でオリーブオイルを作らなくても、お米や毎日食べる野菜などの農産物のように日本人が困るとも思えません。今でも大部分のオリーブオイルは輸入していますし、食用油は他にもたくさんあります。よそからやってきた変わり者の農家が、農薬を使わずに

農薬を使用しないことで多くの虫たちが集まってくる

オリーブを栽培しても誰も困らないと思いました。

なぜオリーブの有機栽培は誰もできなかったのか

強い農薬をオリーブに使う最大の理由は、オリーブの木を枯らす日本固有の害虫オリーブアナアキゾウムシからオリーブを守るためということがわかってきます。その昔、今よりもっと強い農薬の使用が禁止された後に、ゾウムシの被害が拡大して多くの農地でオリーブを育てることをやめていった経緯なども教えてもらいました。また、オリーブオイルの関税が撤廃され海外のオイルが安く輸入されるようになると、日本のオリーブ栽培も効率化が求められ、いつしか農薬を使わずオリーブを栽培することがさらに難しくなったようです。

しかし、オリーブの無農薬栽培が難しい、ほとんど唯一の理由がオリーブアナアキゾウムシであることを知り、ここに懸けてみようと思いました。有機栽培ができない理由がはっきりわかっていて、しかもその理由が、たった1つだけなら、何とかなるかもしれないと思いました。子どもの頃、カブトムシやクワガタ、トンボと虫捕りばかりしていた虫好きの自分ならできるかもしれない、根拠のない自信に突き動かされ、誰も成功しなかったオリーブの有機栽培をやってみようと思い立ちます。

それから10年、最大の害虫であるオリーブアナアキゾウムシを毎年100匹以上は捕まえて飼い続けています。これまで1匹のゾウムシも殺したことはありません。大切な研究対象ですし、いつの間にかゾウムシも僕もオリーブに食わせて

オリーブアナアキゾウムシの成虫

もらっている同志のような気持ちになりました。

オリーブを育て始めると、オリーブアナアキゾウムシ以外にもたくさんの問題がありました。ゾウムシ以外の害虫、病気、剪定や土作り、搾油、販売、書類仕事などなど。今でも問題は山積みですが、ダメ元で始めた素人農家が、たくさんの失敗をしながら3年目には日本で初めてオリーブで有機ＪＡＳの認証を受け、今では、何とかオリーブだけで食える農家になりました。

近年の健康志向ブームに乗ってオリーブオイルが注目されるようになり、これまで小豆島とその周辺だけでわずかに栽培されていたオリーブが、新しい産地化の目玉として全国各地で植えられています。そして、その新しい場所で、「オリーブを植えてみたものの何年たっても実が生らない」とか、「オリーブは手間がかからないと聞いたから始めたけど、なぜか木が次々枯れていく」とか、「せっかく収穫できたのに実を搾るところがない」「補助金が出るから搾油機を買ったけど搾る実がほとんどない」という話まで聞きます。

有機栽培・自家搾油・直接販売という方法が、多くの選択肢の中で正解だったかどうか今でもわかりません。決して効率的なやり方ではないことは確かです。しかし、失敗の連続の中で僕に多くの気づきを与えてくれました。

これからオリーブを植えて農家になろうという人、すでに植えた人、果樹の1つとして新しくオリーブも加えてみようという人に向けて、僕の体験が何かのヒントになればと思い、この本を書きました。

オリーブアナアキゾウムシの幼虫と蛹

オリーブを植えて３年目、初めての収穫。まだ実の量も少なかったので息子も手伝って家族３人で。今では収穫時にはたくさんのアルバイトさんが来てくれる

第1章

オリーブ農家成功のポイント

1 最大の難関「オリーブアナアキゾウムシ」対策

オリーブは比較的害虫が少ない果樹

オリーブは、比較的害虫に強い果樹です。その理由は、オリーブの葉や実に含まれるポリフェノールの渋みを虫や鳥たちが嫌うため。しかし、この渋みを気にしない虫もいて、場合によっては大きなダメージを受けることがあります。そのオリーブを食べる害虫の中でも、特に大きな脅威となるのがオリーブアナアキゾウムシです。国内で100年以上オリーブを生産してきた小豆島では、たくさんの木がオリーブアナアキゾウムシに枯らされてきました。しかし、うちでは畑で捕まえたオリーブアナアキゾウムシを毎日捕獲し、自宅で飼い、生態を調べることで、農薬を使わないでオリーブをオリーブアナアキゾウムシから守っています。

オリーブアナアキゾウムシの幼虫

枯れかけた木の根元の樹皮の下は広範囲にゾウムシに食害されていた

木を枯らすオリーブアナアキゾウムシ

オリーブアナアキゾウムシは山林に自生するモクセイ科の木を食べているゾウムシで、日本でオリーブの栽培が始まると、オリーブ畑で増殖し、これまでたくさんのオリーブを枯らしてきました。

成虫は1・5cm前後、オリーブの樹皮や地面に落ちたオリーブの種や鳥の糞と似ている茶色と黒の斑模様をしています。うちで飼育しているオリーブアナアキゾウムシは越冬し数年生きています。春から秋にかけて活発に活動し、卵を次々に産み続けネズミ算式に繁殖していきます。とはいえ、成虫は、新芽や樹皮などを少し食べるだけなのでオリーブへのダメージはほとんどありません。問題は幼虫です。幼虫は主幹に産み付けられた卵から孵化し、旺盛な食欲で樹皮のすぐ内側の軟らかい部分を食い荒らします。多くの幼虫が1本の木の根元付近を集中的に食べるため、木は水分や養分を樹上に上げることができなくなってしまい、1～2年で木が枯れてしまうこともあります。

見回りと駆除で被害を減らす

木に大きなダメージを与えるゾウムシの幼虫を駆除することが、オリーブを守るのに最も確実な方法です。ゾウムシの卵は、ほとんどの場合根元から高さ30cm以内の場所に産み付けられます。幼虫が排泄するオガクズ状の糞が出てくるので、それを目印にして発見したらドライバーで掻き出します。早めに掻き出すことができれば木のダメージは少なくてすみ、増殖を食い止めることができます。まずは、オリーブの根元を常にきれいにし、定期的に見回り、オガクズ状の糞を見つけて幼虫を掻き出すことができれば、農薬を使用しなくてもオリーブが枯れてしまうことはなくなります。

さらに効率的に防除するためには、成虫を捕獲することが有効です。オリーブアナアキゾウムシの特徴の1つにナマケモノ的な性質があります。蝶やカメムシなどの昆虫と違い、オリーブアナアキゾウムシは、あまり移動せず、できるだけ同じところに留まろうとする性質があります。もし、オガクズ状の糞を発見したら、同じ木か近くの木をよく探してみると、その幼虫の卵を産んだ成虫を見つけることができる場合があります。卵を産むメスの成虫さえ捕まえてしまえば、もう新しく幼虫が増えることはありません。

オリーブアナアキゾウムシの成虫の生態を理解した上で、それに合わせた実践的な捕まえ方についても、これまでの経験を踏まえて書いてみました（詳しくは88ページ）。

2 オリーブ最大の病気「炭疽病」対策

収入ダウンにつながるやっかいな病気

オリーブの最大の害虫がオリーブアナアキゾウムシなら、オリーブの最も困った病気は炭疽病（たんそびょう）です。炭疽病は、世界中のオリーブで発生が報告されています。炭疽病が果実で発症すると果皮がしわしわブツブツになり黒っぽくカビたようになります。

炭疽病が発症した実

炭疽病になった実が混ざったオイルを搾ると炭疽病特有のカビ臭い匂いがするため、オリーブオイルの質が落ちてしまいます。また、収穫するときはきれいだった実も時間がたってから発症することがあるため、収穫したら炭疽病の実を取り除いてから搾油する必要があります。品種やその年の気象環境によっては、一部の実だけでなく大部分の実が炭疽病にかかることもあり、収穫量が減りかつ選果に時間がかかってしまうため、オリーブ農家にとっては、収入ダウンにつながる頭の痛い問題です。

日当たりと風通しをよくする

炭疽病の一般的な対策は、毎年きちんと剪定し、枝葉への日当たりと風通しをよくすること、土壌の水はけを改善し畑の湿度を下げること、定期的な農薬散布などが推奨されています。これらの方法以外に、うちで試行錯誤して実践している品種・収穫時期・選果・除去・環境に関する対策を第3章に書きました（詳しくは102ページ）。

3 品種選択を間違わない

品種によって性質がまったく異なる

オリーブは世界に1600以上の品種があるといわれています。品種によってオリーブの形状や性質、樹勢や病気への耐性などが異なり、オリーブオイルの風味もまったく違うものになるので、オリーブを植える場合、どの品種を選ぶかが重要になります（詳しくは34ページ）。

まずは、オリーブオイル用の品種にするのか、塩漬けなどのテーブルオリーブ用の品種にするのか、オイルと塩漬けの兼用種にするのかを大まかにでも決めておきます。僕は、最初に品種を選ぶとき、加工の割合までは決めていなかったので、兼用品種を多めにして、オイル用の品種とテーブルオリーブ用の品種をバランスよく混ぜて植えました。

日本で実績がある品種をメインに

以前は国産オリーブオイルなら売れた時代もありましたが、国内での競争や、海外の高品質な輸入オイルなどとの競争が激しくなってきたこともあって、品種の差別化が重要になりつつあります。

ただその前に、まずは確実に安定的に収穫できる品種を選ぶことが重要です。というのも、日本の気候は、海外のおもなオリーブ生産地域と比較すると雨が多く日照時間が短いため、日本での収穫実績がない品種を選ぶと、気候に合わず、実がほとんど収穫できない可能性があります。実際そのような話を聞くことがあります。

まずは実績がある品種を押さえてリスクを減らし、その上で国内の品種の栽培状況にアンテナを張り、新しい品種を少しずつ試してみることが長期的には大切になると思います。

うちでは、日本、特に小豆島での収穫実績がある4つの品種（ミッション、ルッカ、マンザニロ、ネバディロ・ブランコ）を多めに選んでいます。さらに現在12品種を試験的に栽培しています。まったく違った性質の品種の中で、どの品種が有機栽培でも安定的な収穫ができて、どのような風味がするオイルや塩漬けが作れるか楽しみです。

ミッション

ルッカ

マンザニロ

ネバディロ・ブランコ

4 自家搾油所を持つこと

収穫量が少ないうちは外部に搾油を委託する

外国製の搾油機を買って専用の搾油所を作るには大きな初期投資が必要になります。うちも最初の頃は、小豆島の同業者に搾油を委託していました。天候や気温、収穫の人員に関わらずあらかじめ約束した日に約束した量の実を外部の搾油所に出荷することは大変でした。苗木を植えて7年目には収穫量が増えて、搾油機の投資回収の見込みが立ったので、ようやく搾油所を作りました。なお搾油を委託できるところは少ないので、委託したい場合は早めに委託先を探しておく必要があります。

自分なりの最高のオリーブオイルを目指す

自分で搾油してわかったことは、オリーブの実の質を生かすも殺すも搾油次第だということです。実の収穫時期、品種、熟度、油分率、温度などによってオリーブオイルはまったく違うものになります。品種の特徴を引き出す最高のオリーブオイルを搾るためには、畑の環境を知り、オリーブの木の性質や状態を把握し、刻々と変わる気象を読み、畑ごとの実の状態をチェックし、ベストな秋の収穫のタイミングを決めることが大切です。自家搾油所を持つ農家は、それらの栽培情報をすべてわかった上で、自分の手で搾油することができます（詳しくは110ペー

わが家の搾油機（イタリア製）

ジ）。

一般的な農業法人などでは、栽培、搾油、販売などの業務をそれぞれ分担して進めます。しかし家族経営の小さい農家のメリットは、植え付けから栽培管理、収穫そして搾油といった最初から最後までを一人の人間が思うままにできることにあります。うちではオリーブの栽培から搾油までを夫である僕が担当し、品質の最終チェックは妻が担当することで、より高い質のオリーブオイルを製造していこうと努めています。

直接お客さんに売ること

果実を農協などに出荷しにくい有機ＪＡＳ

オリーブの果実は渋みが強く、そのまま食べることはできません。したがってオリーブの実は、搾ってオリーブオイルにするか、渋を抜いた塩漬けなど（テーブルオリーブ）に加工する必要があります。オリーブの加工は専門的な技術や施設、手間がかかるので、オリーブの生の果実の安定的な売り先が確保できる場合は、加工せず生の果実のまま農協やオリーブ関係の製造企業に販売することも選択肢の１つです。しかし、そういった販売先がない場合や、うちのように有機栽培などの付加価値を付けたい場合は、自分で販売するしかありません。小さい規模の個人農家が大きな企業や輸入業者と競争しながら商品を売っていくことは簡単ではありませんが、それができればオリーブの栽培と加工だけで食っていける専業農家になれる可能性がグッと高まります。

価値を認めてくれる人に出会えるインターネット通販

小さい畑で売上の単価を上げるために、どうしてもや

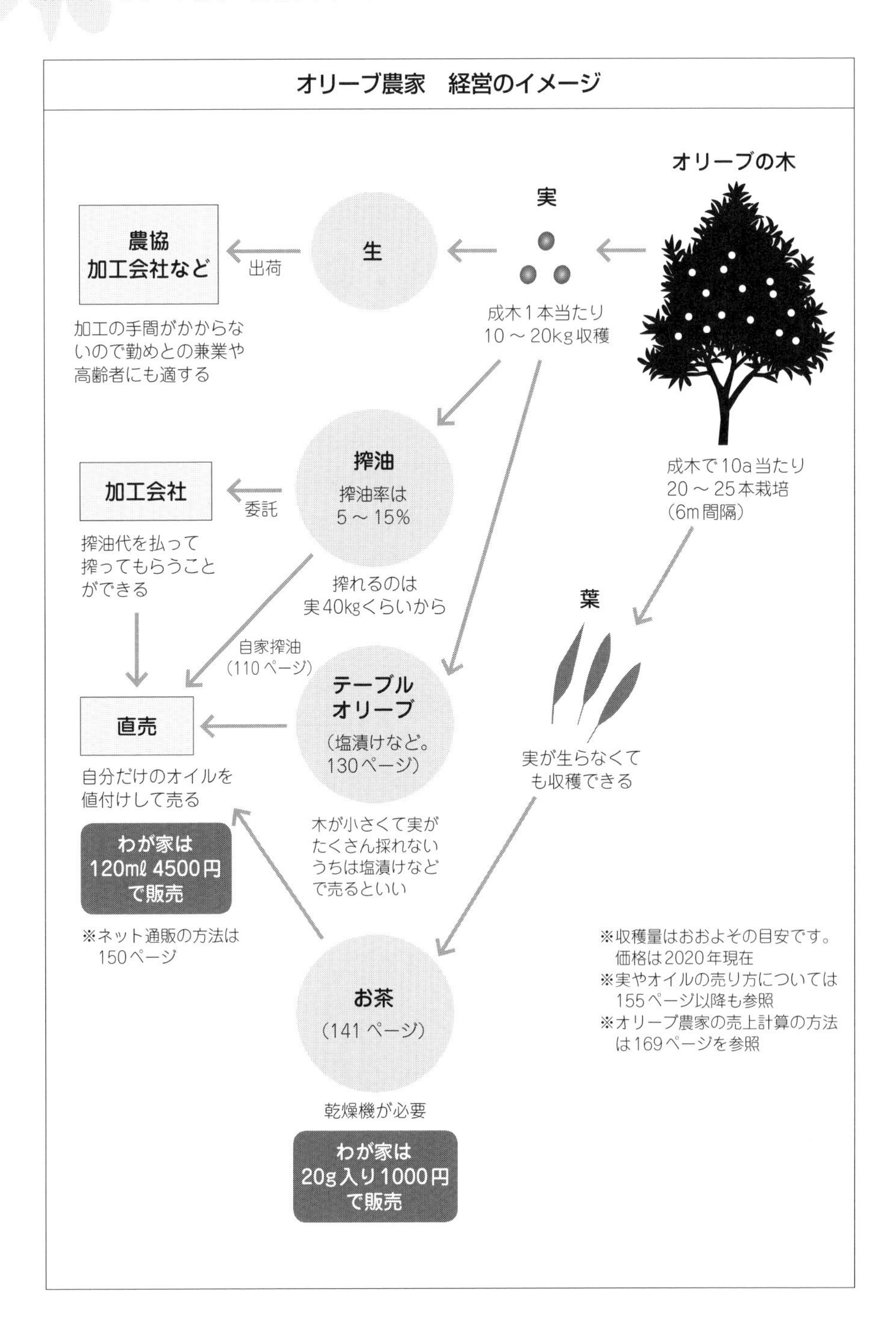
オリーブ農家　経営のイメージ
オリーブの木
成木で10a当たり
20～25本栽培
（6m間隔）
実
成木1本当たり
10～20kg収穫
生
出荷
農協
加工会社など
加工の手間がかからな
いので勤めとの兼業や
高齢者にも適する
搾油
搾油率は
5～15%
搾れるのは
実40kgくらいから
委託
加工会社
搾油代を払って
搾ってもらうこと
ができる
自家搾油
（110ページ）
テーブル
オリーブ
（塩漬けなど。
130ページ）
木が小さくて実が
たくさん採れない
うちは塩漬けなど
で売るといい
直売
自分だけのオイルを
値付けして売る
わが家は
120mℓ 4500円
で販売
※ネット通販の方法は
150ページ
葉
実が生らなくて
も収穫できる
お茶
（141ページ）
乾燥機が必要
わが家は
20g入り1000円
で販売
※収穫量はおおよその目安です。
価格は2020年現在
※実やオイルの売り方については
155ページ以降も参照
※オリーブ農家の売上計算の方法
は169ページを参照

山田オリーブ園が販売しているオリーブオイル
（その年の収穫によって種類は変わる）

らなくてはいけなかったのが、大きな企業では難しい「国産の有機オリーブオイル」という差別化でした。

うちの有機オリーブオイルは、他の慣行栽培の一般的な国産オリーブオイルより高い値段で販売しています（２０１９年産は１２０㎖入り税抜４５００円）。農薬を使った慣行栽培より手間が２～３倍くらいはかかるので、お客さんにはそのことを説明して買っていただいています。少し高い値段でも、有機栽培に共感し価値を認めて購入してくださるお客さんが全国には一定数います。その人たちに向けて広告宣伝費を掛けずに知ってもらい買ってもらうことができるのがインターネットの直販でした（詳しくは150ページ）。

オリーブをどのように育て、どのように搾ったのかをネットで公開し、興味を持った方に直接注文してもらい、離島から全国どこへでも届けることができるインフラが今の日本にはあります。広告費を使って、たくさんの人たちにたくさん売る必要はありません。小さな農家は、丁寧に育ててこだわって作った食べ物を、その価値を理解してくださる人に買ってもらうことで、農家を続けていけるだけの収入を得ることができると考えています。

第2章

オリーブ栽培の実際

1 オリーブの生態と栽培のポイント

実を収穫するのが農家の目的

オリーブの愛好家と農家の最大の違いは「目的」です。愛好家はオリーブを育てることを楽しみますが、農家は実を収穫することを目的にオリーブを育てています。もちろん、農家もオリーブを育てる楽しみを感じますが、どんなに樹形が美しくても実が収穫できないと意味がありません。つまり、オリーブ農家にとってオリーブは眺めるものではなく、実を収穫して油を搾ったり塩漬けを作ったりする果樹です。

実が生らない原因の多くは環境と栽培管理の失敗

全国各地でオリーブの産地化が広がっています。それぞれの地域で奮闘されているオリーブ農家がうちの畑に見学に来られるときに、最も多く話題に挙がるのが「何年たってもオリーブの実が生らない」という話です。比較的多くの人が受粉しなかったのではないかと疑っています。たとえば「花は咲いたけど受粉しなかったので今年は人工受粉してみた」とか「今年は花の時

オリーブの性質と適地の条件

基本情報	モクセイ科オリーブ属の常緑高木。学名は*Olea europaea*。原産地はギリシャ。オリーブオイルのおもな産地はスペイン、イタリア、ギリシャ、トルコなど
年間平均気温	最適は14～16℃。花芽分化・開花結実のためには、1月の平均気温が10℃以下になることが望ましい
年間日照時間	光を非常に好む。年間2000時間以上が望ましい
根	浅根性。全根量の80％以上が地表から地下40㎝までに分布する。酸素を非常に好み、排水不良地など土の酸欠状態に弱い。根は浅根で繊維質が少なくもろいため、強風で倒伏しやすい
土壌	適応土壌は広いが、排水良好で地下水位が低く、肥沃な砂質壌土が適する。粘土質、硬い土、水田跡は、そのままでは不適（客土や暗渠排水などの対策が必要）
適応pH	6.5～7.5（7.5程度の弱アルカリ性を好む）。酸性土壌を嫌い、カルシウムを好む

（参考：『農業技術大系 果樹編』（農文協）ほか）

開花期のピーク時には花粉が畑に降り注ぐ

期に雨が降ったので受粉しなかったのかも」といった話をよく聞きます。

オリーブは基本的には風によって大量の花粉が運ばれる風媒で受粉します（違う品種の花粉で受粉）。ある程度相性がよい2品種以上のオリーブを同じ畑に植えておけば、うちでは何もしなくても受粉します。小豆島で最もポピュラーな配置は、ミッションの畑の四隅に花粉を多く飛ばすネバディロ・ブランコを植えるというものです。2品種以上をある程度混植しておけば、開花期に雨が降ろうと、ほぼ受粉しています。

ただ、うちの畑でも実が生らない木があります。その場合のおもな原因は、受粉の失敗ではなく、それ以外の3つであることが多いです。

1つめは、冬から春にかけての少雨や、夏から秋にかけての台風などの多雨によって実がつきにくい年がありま す。もう1つは環境不良や栽培管理の失敗です。灌漑排水などの畑の環境不良、施肥の失敗、剪定の失敗などです。最後の1つは、そもそも隔年結果の裏年などの場合です。もし、実が生らなかったら、受粉の不良だけでなく、さまざまな角度から原因を検証します。気象と隔年結果はまだしも、栽培管理は人間の失敗なので、そこに問題はないかを再点検するようにしています。

日当たりがよいほど収穫量は多い

オリーブはたくさんの光を好む植物です。日照時間にほぼ比例して成長し、収穫量の多少が決まります。日当たりがよい場所は収穫量が多く、日当たりが悪い場所の収穫量は少なくなります。小豆島のオリーブ農家の先輩たちからも、みかん畑のような日当たりがよい傾斜地がオリーブを植えるのに一番いいとアドバイスをもらいました。

うちは、小さな単位では20カ所の畑があり、一日中日が当たる畑もあれば、シイタケが育つような薄暗い畑にもオリーブを植えています。ですので、オリーブと日当たりの関係が、実感とし

日照時間が極端に短い畑に4つの品種のオリーブを植えた試験栽培。成長は若干の品種差があったものの、どの品種もほとんど実は収穫できなかった

てよくわかります。

畑によって日照時間をコントロールすることはできませんが、オリーブの木と木の間隔や枝の込み具合の剪定はコントロールできます。日当たりがよい場所は少々樹間が狭くても、剪定が適当で枝葉が込み入っていても、まあまあの量の実を収穫できます。しかし、日当たりが悪い場所は、少しでも日射量を確保するために、樹間は広く、剪定はマメにしないと実を収穫できません。

残念ながらマメに手入れしてもそれに見合うほどの収穫が期待できない場所もあります。たとえば、東西に山がある谷すじの畑は、早朝や夕方の日照時間が大きく削られます。また、南面に民家や竹林や雑木林などの遮蔽物があり、日中の日照が少なくなる畑のオリーブ栽培も難しくなります。

根は酸素を好む ——畑の水はけが重要

日当たりの次に大切なのは、水はけです。オリーブの根は酸素を好むため、空気を求めて広く浅く広がります。空気が届きにくい深いところに根が潜っていくことはなく、比較的渇いた上層で適度に水分を吸い上げています。

しかし、うちの20の畑のうち8つは元田んぼで、構造的に水はけがとても悪いです。水はけが悪いままオリーブを育てると、若木のうちは普通に育っていても、成木になる頃に急に調子が悪くなり葉が枯れ込んでしまうことがあります。また、夏の台風などで水浸しになったところに強い太陽が照りつけると、溜まった水が温水になり、あっという間にオリーブの根が死んで枯れることもありました。

オリーブの移植をすることがあり、根巻きをするために成木の根の張り方を見る機会がありますが、オリーブの根は50cmも掘れば、ほとんどなくなってしまいます。田んぼは、30cm前後の深度に鋤床層（すきどこそう）（水を通しにくい硬い層）が形成されているため、その層をオリーブの根は通過することができません。雨が降ると、その鋤床層から上に水が溜まってしまい、根が溺れて地上部が枯れていきます。

うちの元田んぼでは、水に浸からない作土層（軟らかく水はけのよい土の層）を最低でも50cmプラスアルファは確保するために、田んぼの鋤床層は破砕してしまいます（詳しくは48ページ）。

オリーブを植える前に必ず行う地層チェック。深さ1mくらい掘って鋤床層の位置や下層部の物理状態を把握しておく

植えて5年で1本10kg以上の収穫を目安に

そもそもオリーブは何年くらいしたら実が生り始めるかという問題があります。諸説あるようですが、小豆島のうちの畑のオリーブに限れば、1・5mくらいに育ったミッションの3年生の苗木を植えると、5年生になり樹高が2m超える頃に生り始めます。3mを超える7年生～8年生になると枝葉のボリュームも増え、ピカピカできれいな実が10kgくらいは収穫できます。ちなみにルッカのように木が大きくなるまで実がほとんど生らず、7年生くらいで突然実が生り始める品種もあります。

実を収穫することを目的にしたオリーブであれば、実が数粒生っても意味はありません。あくまでも小豆島のうちの畑での目安ですが、植えてから5年ほどたった時点である程度期待しているような量、少なくとも1本当たり10kg程度の収穫ができないようであれば、品種選択を間違ったか、畑の環境もしくは栽培方法を疑うようにしています。

基本的に水やりは不要

もともと乾燥した地域に自生していたといわれるオリーブは、雨があまり降らなくても大丈夫な樹木です。年間1000㎜の降水量があれば十分育つといわれているので、日本でオリーブを育てる場合、基本的には自然に降る雨だけでほとんどの場合十分です。うちの畑では、基本的には水やりはしていません。

ちなみに、畑には苗木も含めると2000本ほどのオリーブの木がありま

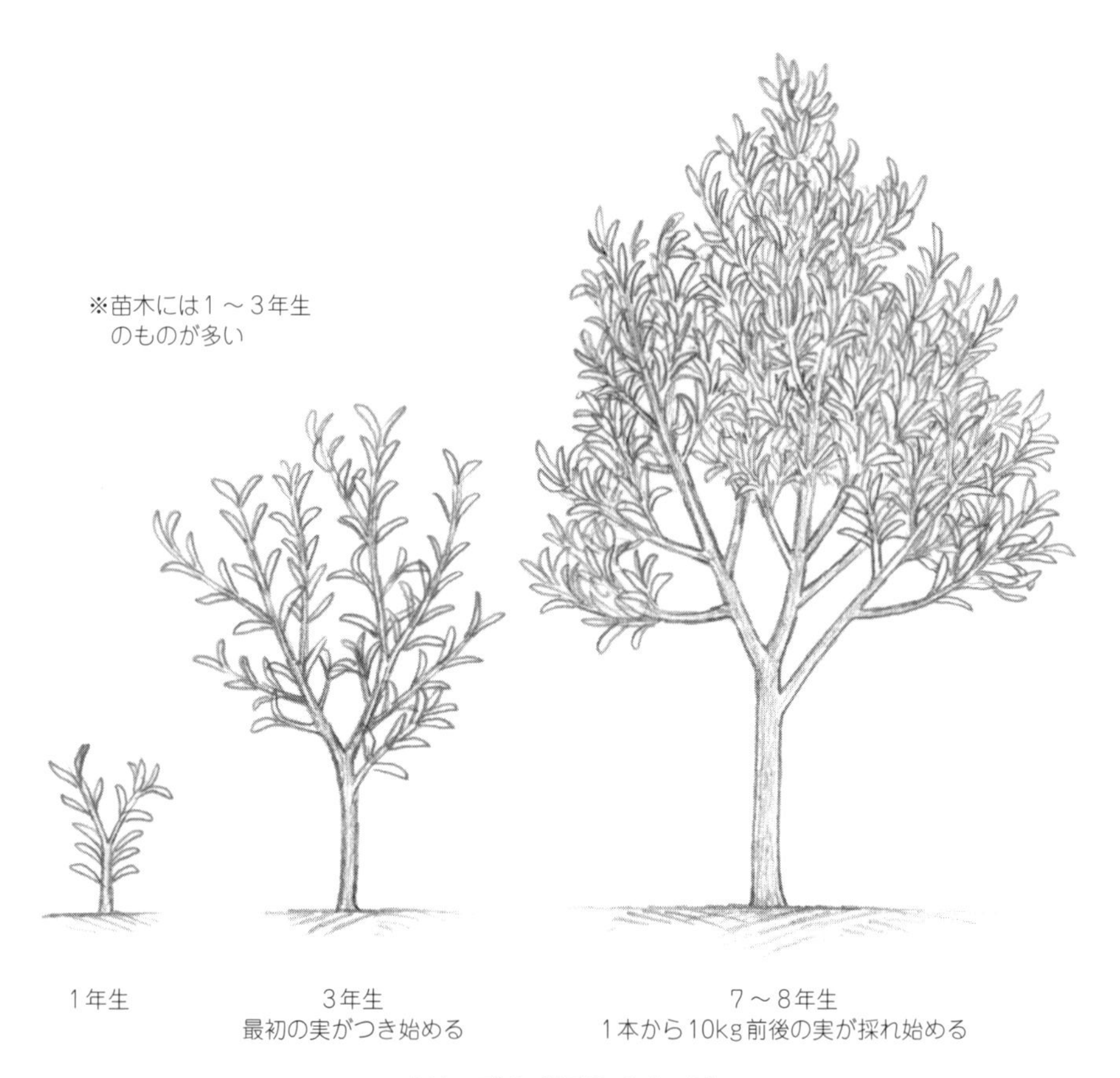

オリーブの成長のイメージ

7年生のオリーブ（この頃から一定の収穫ができるようになる）

すが、水やりをしなかったことで枯れた木は10年で1本もありません。逆に雨が降りすぎることで木が病気になったり、実の質が落ちることがあります。更なる温暖化が進む日本で、多雨をどう凌ぐのかという課題のほうが今後の重要なテーマになると考えています。

ただし、水やりが必要な場合もあります。

オリーブの開花時期に1日10秒ほどホースで花に水をかけて、結実にどれだけ影響が出るか実験（開花期の雨の影響を調べるため）。10日間水をかけた木は、かけなかった木より2割程度収量が減ったが、予想したほど大きな影響はなかった

①植え付けのとき

成木を移植したときや苗木を植え付けたときは、まずは水鉢を作りたっぷり水をやり（詳しくは54ページ）、その後も雨が降らなければ、新芽が吹いてくるまで週に1回くらいは水をやります。新芽がしっかり吹き始めたら、もう水やりはしません。

②植え付けて最初の夏の乾季

植え付けは基本的に春に行っています。最初の夏に、1カ月以上まったく雨が降らないときなど、もし葉が丸まって元気がなくなってくるようなら水をやっています。

③長期間まったく雨が降らない場合

年によっては夏にまったく雨が降らないことがあります。1カ月以上雨が降らないと落果が始まります。落果が始まるようなら適宜、水やりをしています。また、近年、冬にまったく雨が降らない年があり、その影響で花が咲かなかったり実の小粒化が起きることがあるので、雨が降らない冬もかん水しています。

メリットが多い草生栽培

一般的な慣行栽培ではオリーブ畑に下草は生やしません。すべて除草剤もしくは管理機や草刈機で根ごと取り除き、オリーブ以外の植物がない状態にして管理します（清耕栽培）。清耕栽培のメリットは、雑草がないので肥料が効きやすく、農薬も効率的に効くので病害虫が少なくなる点です。

うちの畑は清耕栽培とは逆の、雑草を生やす草生栽培でオリーブを育てています。草生栽培のメリットは、地面を覆う雑草によって土壌中の水分と温度の変化が緩やかになること、枯れた草や根が微生物によって分解されて土が肥え、水はけや水もちも改善すること、雑草の中で多くの生き物が増え食物連鎖が活発になり、オリーブの葉を食べる害虫を天敵が食べてくれるようになること、植物の根が張ることで大雨による土壌流出が少なくなること、強い除草剤などの農薬を使わなくてすむことなどがあります。

しかし、草生栽培にはデメリットもあります。第一に、雑草が作物よりも背が高くなると、日照を奪ってしまいます。また、雑草が強くなりすぎるとオリーブの水分や養分を奪ってしまいますし、虫の総数が増えると害虫の数も増えます。農薬の効きも悪くなります。そしてオリーブの栽培とは直接関係ありませんが、うちのような農家に畑を貸してくださる人たちは、貸した畑に雑然と草が生えているのは快く思いません。つまり、新しい畑を借りにくくなります。

草生栽培と清耕栽培それぞれにメリットとデメリットがありますが、オリーブの場合は樹高３ｍを超える果樹ということもあり、草による日照不足の心配はありません。メリットのほうが多いと判断し、草生栽培を選んでいます（草生栽培のやり方について詳しくは62ページ）。

害虫のハマキムシを肉団子にして巣に持ち帰るアシナガバチ

四季折々の花で覆われる草生栽培のオリーブ畑

オリーブの寿命はどれくらいか

樹齢約30年の弱ったオリーブ

　スペインやイタリアでは樹齢数千年というオリーブがあることから、基本的にはオリーブの寿命は非常に長いようです。小豆島には樹齢１００年以上のミッション種が植わっていて、今でもたくさんの実をつけています。環境のよい畑で、適切に育てることができれば、オリーブは何百年も質の高い実をたくさんつけてくれるはずです。
　うちには、人から畑ごと引き継いだ樹齢30年生くらいの成木が50本ほどありましたが、オリーブアナアキゾウムシによる食害や水はけの悪さによる根腐れなどで、ほとんど実の収穫ができなくなっていました。そもそも年間の降水量が多かったり、台風が毎年やってきたり、オリーブアナアキゾウムシに食害される日本のオリーブは、適切に丁寧に栽培しないと10年目くらいから隔年結果が顕著になり、実の質や量が落ちてくることがあります。

栽培暦と作業時期の注意点

①植え付け――３月中旬から５月初旬

　最低気温が氷点下にならなくなってから植え付け開始。秋植えも可。

②施肥――年３回

　必要に応じて春肥（３月中旬）、夏肥（６月下旬）、秋肥（10月下旬）の年３回。苦土石灰は１年分を春肥前のタイミングで施肥。

③剪定――３～５月

　強剪定の適期は３月頃。冬季の強剪定は木にストレスを与えるので避ける。枝を落とす程度の弱剪定なら通年いつでもＯＫ。花芽がはっきりする５月の弱剪定は、間違って実がつく枝を落とすようなことがないので初心者にはおすすめ。

オリーブの栽培暦（香川県の著者の畑の場合）

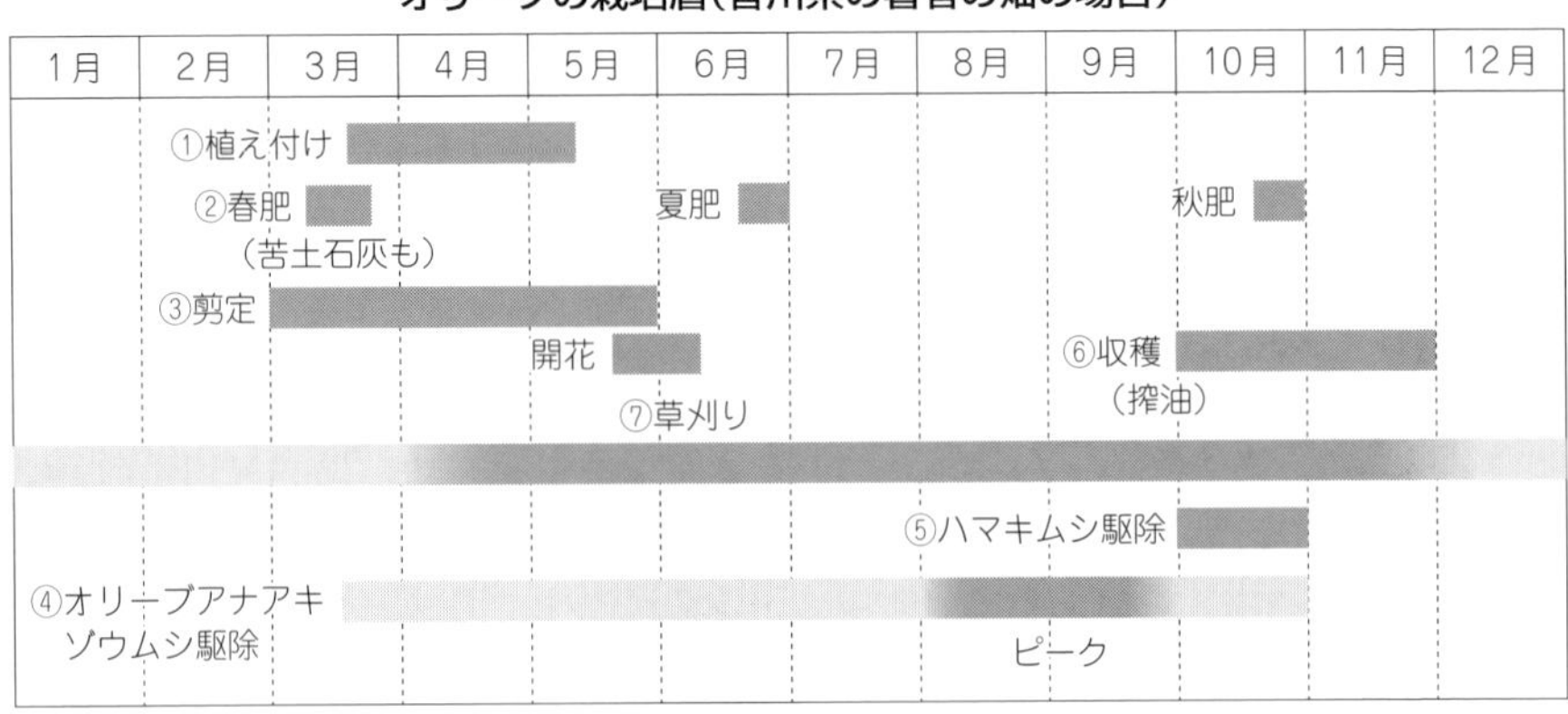

④オリーブアナアキゾウムシ駆除——3月中旬～10月末

発生のピークは梅雨明け頃から9月。

⑤ハマキムシ駆除——10月

早い年は9月の下旬頃から大量発生することがある。年によっては5月頃に大量発生することもある。

⑥収穫と搾油——10～11月

早生品種は10月初旬頃に収穫する。一般的な品種の緑果搾りは10月中旬から11月初旬頃まで。

⑦草刈り——通年

4～11月は1カ月に1回、12～3月は2カ月に1回程度。

⑧水やり——なし

夏や冬に1カ月以上10㎜未満の雨しか降らない年は木の状態を見ながら必要に応じて水やり。

2 品種の選び方

栽培の歴史で選ばれてきた品種

オリーブには1600以上の品種があるといわれています。なぜ、そんなに品種が多いのでしょう。

オリーブは違う品種の木の花粉を受粉して実ができます（自家不和合性が強い）。そして、その種から芽が出ると、両方の遺伝子が混ざったまったく新しい1つの品種になります。これが実生のオリーブです。うちの畑にも毎年数百本以上の実生のオリーブが種から芽を出しますが、ほとんどは自然に自生していた頃に先祖返りするため、葉が小さく実も少ししか生りません。実が収穫できないので抜いてしまいます。しかし、抜かずに試しに300本ほど、そのまま育てていたら、そのうちの3本だけが芽が出て3年目くらいから実をつけ始め、今はそこそこ実がなる木になっています。100本に1本くらい実がまあまあ生る木が生まれるようです。

もしかすると、1万本に1本くらいは、まあまあではなく、びっくりするくらいたくさんの実をつける木が生まれて、それを見つけた人間が実を収穫する果樹として挿し木で増やし収穫用の品種となったのかもしれません。

品種選びの8つのポイント

オリーブは品種によってまったく違う個性を持っており、何を選んでいいのか迷います。ただ、うちは小豆島でオリーブ栽培を始めたので、始めた頃はほとんど迷いませんでした。周りの農家が栽培している小豆島4品種の中から、先輩農家がすすめてくれた品種を多めにしながらバランスよく選びました。当時の小豆島は、オイルが搾れて塩漬けにもなるミッションをメインにして、受粉用にネバディロ・ブランコを少し混ぜておくというのが基本で、塩漬けをたくさん作りたいなら早生のマンザニロを入れるのもいいし、ミッションとはまったく違った甘い香りのルッカも植えてみる、という選び方をしました。

しかし、最近は島のオリーブ農家でも、従来植えられてきた小豆島の4品種を漫然と植えるだけではなく、新しい品種を試す農家が増えています。わが家でも、4品種以外にフラントイオ、アルベキーナ、レッチーノ、コロネイキ、シプレッシーノ、ハーディズ・マンモス、カラマタ、コレッジョラ、モライオーロ、オヒブランカ、コラティーナ、ピクアルという品種を育てています。ただし、どれもまだ栽培年数が浅く、個々の品種について詳しく解説できる段階にありません。

ここでは、僕が品種を選ぶときのポイントを8つ紹介します。

①日本で実績がある4品種
②用途と風味、食味（実のサイズや味や香り）
③苗木の入手しやすさ
④収穫量
⑤栽培難易度（樹勢、樹形、病害虫耐性など）
⑥品種（受粉）の相性
⑦収穫時期
⑧トレンド品種の導入は慎重に

①日本で実績がある4品種

やはりメインの品種は日本で栽培されてきた収穫実績がある4つの品種（ミッション、ルッカ、マンザニロ、ネバディロ・ブランコ）にします。

実績がない品種を植えても雨が多く、日照時間が短い日本の気象環境の中で、本当にその品種が育ち、実をたくさん収穫できるかどうかはわかりません。

オリーブは一定量の収穫ができるまで5年前後、安定的に実が収穫できる成木になるのに7〜8年ほどの時間がかかります。日本での栽培実績がない品種のオリーブを何百本も植えて、8年育てたけど、実がほとんど生らず木ばかり大きくなってしまった、では困ります。

小豆島で多く栽培されている4つの品種の特徴を紹介します。

●ミッション

【用途と風味、食味】

オイル用、塩漬け用の兼用種。実は3g前後とサイズは中型で塩漬けにするとシャキッと歯触りがよい。爽やかでピリッと辛みがある高級なオリーブオイルになる。搾油率はうちでは緑果で7％、完熟で12％前後。

【苗木の入手しやすさ】

非常に入手しやすい。

【収穫量】

成木で10〜20kg前後。隔年結果が出やすい。

【栽培難易度（樹勢、樹形、病害虫耐性）】

樹勢は比較的強く、樹形は直立性で縦にまっすぐ伸びていく。害虫には比較的強いが、炭疽病に弱い。水はけが悪い畑には不向き。

【受粉の相性】

○ルッカ、ネバディロ・ブランコ

△マンザニロ

※ミッションはマンザニロが少し苦手。

【その他性格】

アメリカ原産で小豆島に最初に持ち込まれた品種。他の品種に比べると、何より毎年、実をつけようとがんばり

ミッションの樹形

ます。がんばりすぎてへとへとになり、翌年はまったく実をつけることができなくなったりもします。自分の成長より実を残すことを優先する真面目な性格です。炭疽病に弱いのが最大の弱点ですが、小豆島に最初にやってきた品種で、現在も小豆島では最も多く栽培されている、実績がある品種です。香りがよいオイルになるし、塩漬けも美味しい万能品種です。若干神経質ですが、日本での実績ナンバーワンの品種といえば、このミッションです。

●ルッカ

【用途と風味、食味】

オイル専用種。実は2g前後とサイズは小型。フルーティーで柔らかなオリーブオイルになる。搾油率はうちでは緑果で8％、完熟で15％と高め。

【苗木の入手しやすさ】

入手しやすい。

【収穫量】

成木で10～20kg前後。実が生り始めるまで5～6年と少し時間がかかる。

【栽培難易度（樹勢、樹形、病害虫耐性）】

樹勢は非常に強い。樹形はミッションより横に広がり大木になる。害虫には少し弱いが、炭疽病に強い。水はけが悪い土壌でも比較的育てやすい。

【受粉の相性】

○ミッション、マンザニロ、ネバディロ・ブランコ

※ルッカは小豆島4種なら何でもOK。ただし、ルッカとネバディロ・ブランコを一緒に植えると、ルッカには実はつくがネバディロには実がつきにくい。

【その他性格】

ルッカというイタリアの都市名が付けられていますが、アメリカからやってきた原産国不明の品種です。性格を一言でいうと大らか。小豆島4品種の中では最もタフで成長も早く大木になります。その分、実をつけることを後回しにする傾向があり、木が大きくなるまでは実がつきにくい。剪定も少し強めにすると、回復することを優先し、実をつけません。ゾウムシやハマキム

ルッカの樹形

シといった害虫が好む傾向がありますが、炭疽病には耐性があります。水はけが悪いような場所でもルッカはおおむね問題なく育ちます。搾ると果実の香りがする柔らかい高級なオイルになります。実が小さいのでテーブルオリーブ（塩漬け）に加工することはありません。

●マンザニロ

【用途と風味、食味】

テーブルオリーブ専用種。実は3g前後とサイズは中型で青りんごのような形。果肉が軟らかく傷つきやすいのが難点。塩漬けの食感も軟らかめ。油分率が低いのでオイルには向かないが、緑果を搾るとほのかな甘みがあり、最後に喉で感じるピリッとした辛みがアクセントのオイルになる。

【苗木の入手しやすさ】

入手しやすい。

マンザニロの樹形

【収穫量】

成木で10～30kgと収穫量は多い。

【栽培難易度（樹勢、樹形、病害虫耐性）】

樹勢は弱めであまり大きくならない。樹形は開帳性で枝が四方に伸びていき丸い感じに。病害虫耐性は普通だが、果実が熟れると急速に炭疽病になることも。水はけが悪い土壌は合わない。

【受粉の相性】

○ルッカ、ネバディロ・ブランコ

△ミッション

※マンザニロとミッションはお互い少し苦手。

【その他性格】

スペイン原産の品種。小豆島では塩漬け用に栽培されています。油分率が低いので、あまり搾油されませんが、緑果を搾ると軽くてピリッと苦みがある食べやすいオイルになります。実が軟らかくて大きいので、シロップ漬けなどの甘いテーブルオリーブにしやすく、実を食べるにはぴったりの品種です。木としてはタフで育てやすく、緑果を早めに収穫すると実も安定的に多くつきます。炭疽病にはミッションと同じくらい弱い。樹形が丸くなり収穫量が多く収穫しやすいですが、実が軟らかいので加工するときに神経を使います。塩漬け用の実の収穫は、マンザニロは10月初旬、ミッションは10月中旬以降なので、塩漬け作業のピークを平準化しやすいというメリットもあります。

●ネバディロ・ブランコ

【用途と風味、食味】

本来受粉樹だが最近はオイル用、テーブルオリーブ用の兼用種として見直されつつある。実は3g弱とミッションより少し小ぶり。塩漬けにすると案外美味しい。緑果で搾ると香りは弱いが少し甘みがあって最後に辛みがしっかり感じられるよいオリーブオイルになる。搾油率はうちでは緑果で6～7%。熟した実の搾油はしたことがないので不明。

【苗木の入手しやすさ】

非常に入手しやすい。

【収穫量】

成木で5～20kg前後。収穫量が年によってばらついて安定しにくい。

【栽培難易度（樹勢、樹形、病害虫耐性）】

ネバディロ・ブランコの樹形

樹勢中程度。樹形は開帳性だが光を求めて上でも横でも自由に広がる。害虫には少し弱め。炭疽病に弱い。水はけが悪い畑でも育つが原因不明のまま半分枯れたりする。

【受粉の相性】

○ミッション、マンザニロ

×～△ルッカ

※ルッカとネバディロを一緒に植えると、ルッカには実はつくがネバディロには実がつきにくいので注意。

【その他性格】

スペイン原産の世界中で栽培されている品種です。小豆島にはミッションの受粉樹として持ち込まれたようです。花と花粉が多く長期間花が咲いているので、他の品種に受粉させるために畑の四隅に植えられることが多いです。小豆島では実が摘まれることなく放置されたままになっていることも。10月初旬頃に緑果を摘むと辛みが強くてうっすらと甘みがある複雑なオイルになります。塩漬けにしても美味しい。花をたくさん咲かせるという仕事だけはきっちりしますが、雨が多いと実をつけなかったり、原因がわからないまま一部が枯れこんだりします。なぜかゾウムシの被害が多めの品種です。

②用途と風味、食味（実のサイズや味や香り）

オイル用の品種を選ぶ場合は、最初に単品種から搾られたオイルを購入し、テイスティングします。品種が同じでも栽培や搾油方法などにより風味は違いますが、それでもある程度の風味の傾向や好き嫌いはわかります。柑橘類の果樹を数百本単位で植えるときに、その果実を味見することなく、いきなり植えてしまう農家はいません。オリーブも同じく文字として書かれた情報ではなく、自分の味覚で確かめることから始めます。

海外のオイルを購入し、品種の風味を確かめてみる

また、実のサイズというのも見落としがちですが重要です。というのも手摘みを前提にする場合、実が小さいと収穫により多くの時間がかかります。小さくてもたくさん実が生ればいいのですが、実のサイズは収穫時間に影響するということは理解しておきます。

③苗木の入手しやすさ

苗木が入手できるかどうかは、ネットで調べたり、業者に問い合わせるだけで比較的簡単にわかるので、最初に確認します。基本的には、オリーブの品種が多く揃えてある園芸店などで実物を見ながら購入できればベストです。近くに、そのようなお店がない場合は、インターネットショップで購入します。ただし、残念ながら品種管理がずさんなネットショップもあります。

日本では流通していない品種を入手したい場合には、海外の苗木を輸入している事業者に相談してみるか、少量の苗木を入手して、大きくした後に挿し木で増やすこともできますが手間と時間がかかります。オリーブ農家は、個人と違いたくさんの苗木を一度に購入しますので、すぐに全数揃わないことがあります。まずはお店に相談します。

【苗木を選ぶ場合の注意点】

・最低限、品種名がはっきり書かれているものを買うこと。
・3年生くらいの苗木が収穫までの期間が短くなるのでコストパフォーマンスがよい。
・葉の色が生き生きとした緑色で弱っていないこと。
・根巻きの植木（素掘り）は根が損傷していることもあるので注意が必要。
・ネットショップの場合、わからない情報があれば問い合わせをすること。対応が不親切な場合は避けたほうがよい。また可能なら購入する苗木の写真を送ってもらう（サイトに載っている苗木と違う苗木が送られてくることがあるので）。
・カタカナ表記の品種名が微妙に違うものがある。英字表記や原産国、場合によっては実の写真などを確認して品種を同定することが必要。
・有機栽培の場合は、主幹は1本がベスト。地面から複数の幹が出ているとゾウムシの発見が遅れるため。

オリーブの苗木（1年生）

④収穫量

実を収穫することが目的なので、非常に重要な情報ですが、うのみにはできない情報です。たとえば、小豆島で多く栽培されているミッション種の収穫量ですら年によって裏表があり、畑によっても、樹齢によっても収穫量は変わるので平均値を把握していないこともあります。可能な限り調べますが、ネット上に書かれている収穫量の情報は、あまり信頼できないので参考程度に留めます。

最終的には、海外でメジャーな品種を植えて試してみるしかありません。収穫量がある程度見込めない品種は淘汰されて、徐々に栽培されなくなると考えられます。ただし、日本の気象環境、自分の畑の環境でどれほどの収穫があるかは実際に試してみるしかありません。

⑤栽培難易度

（樹勢、樹形、病害虫耐性など）

収穫量と同じく重要な情報です。つまり、植えても育てられるのか。

樹勢が強い品種は、それほど手間をかけなくても勝手に大きくなり、基本的に実もたくさん収穫できる可能性が高そうです。

樹形には直立性と開帳性があり、苗木を植える間隔に関係します。枝が上に向かって伸びやすい直立性の品種は、樹間は狭くてもＯＫ。開帳性の品種は枝が横に広がりやすいので、樹間は広めに取らなければなりません。しかし開帳性の品種のほうが木が低く横に広がるので収穫は楽です。

また、炭疽病などの病害虫への耐性がどの程度かの情報が掲載されている場合もあります。

しかし、こうした情報をもとに自分で育ててみると、ネットの情報とまったく違うことがあります。違うことのほうが多いくらいです。記事を書いた人が実際に育てておらず、海外の情報を流用しているだけのことが多いせいかもしれませんし、単に栽培している気象環境の違いによるものかもしれません。なので、やはり最後は実際に自分で育ててみるしかないのですが、収穫量に比べれば、もう少し詳しい情報が入手できる場合もあるので、できるだけ事前に調べておきます。

⑥品種（受粉）の相性

オリーブは2つ以上の品種を植えないと受粉・結実しにくいので、品種の相性が大切です。一緒に植えたときに受粉しやすいかを確認しておく必要があります。小豆島で栽培されている4品種は前述のとおり実績があります。

海外の品種の相性は、一部ネット上に情報がありますが、信じられるものかどうかわからないので参考にする程度です。うちでは一応主産地が同じ品種は相性がよい可能性が高そうと考えています。たとえばイタリアのトスカーナ地方で植えられている品種2つを混ぜるとか、スペインのアンダルシア地方の品種2つを一緒に育てるといった考え方です。しかし、やはり実際のところはわからないし、気象環境が変わると開花時期がずれたりもするので、同じ地方のものでも保険として2品種だけではなく3品種以上を一緒に植えるようにしています。

⑦収穫時期

品種によって実が熟すタイミングに違いがあります。マンザニロの緑果の塩漬けは10月初旬が適期ですが、ミッションは中旬以降が適期になります。オリーブオイルを搾る場合、実は熟すにしたがって油分が増えますが、香りや辛みは減っていきます。搾油機は1日に搾れる量の上限があるので、どの品種をどのタイミングで収穫し、搾油するかというスケジューリングが重要になってきます。できれば早めに収穫する早生品種と遅めに収穫する晩生品種がバランスよく混ざっていると、収穫と搾油作業を平準化することができます。

コラム

カラスが育てる野生（実生）オリーブ

オリーブの実を生のまま食べたことはありますか。渋くて辛くて、すぐに吐き出してしまいます。しかし、緑色の実は渋いけれど、初冬の完熟した黒い実はあまり渋くありません。渋くないどころか、ほんのりとした甘みすら感じます。なぜでしょうか？　発芽できない緑の若い実は、誰にも食べられたくないので、渋みを作り出しているのではないでしょうか。そして、いよいよ発芽できるくらい種が大きくなったら黒く熟しつつ渋みを減らしていく。と、そこにやってくるのがたとえば、日本ではカラス。渋みが少ないブラックオリーブはカラスの大好物。初冬になるとハシボソカラスや大陸からやってくるミヤマカラスの群れがオリーブ畑に集まってきます。

オリーブ畑にやってきたカラスは、木から落ちた黒い実を種ごと丸呑みにしてしまい、そのカラスの糞にはたくさんのオリーブの種が入っています。この糞を播いてみると、1年後、芽が出てきました。普通に落ちている実より発芽率が高いくらいでした。

熟して落ちたオリーブの実を食べるカラス

冬にオリーブの実を食べたカラスの糞

カラスの糞から発芽したオリーブの芽

小豆島の一部の海岸に自生する実生オリーブ

ちなみに、小豆島の海岸にはオリーブの種から芽を出した実生の木が自生している場所があります。海岸の近くにオリーブの木はないので、なぜこんなところに種が落ちたのだろうと不思議に思っていましたが、オリーブの種が入った糞をカラスが落としたのかもしれません。

遠く地中海からやってきたオリーブの子孫が東洋の島国で根を張ろうとがんばるものの、残念ながら、ほとんどの実生のオリーブは、日本で旺盛に茂る雑草たちとの競争に負けて消えていきます。しかしオリーブの強みは日本の草木より渇きに強いこと。水はけがよすぎて乾いている砂地の海岸にだけ、実生のオリーブが静かに根を下ろしています。

小豆島を冬に旅する機会があったらカラスの糞を探してみたらどうでしょう。そこに入っている種を自宅の庭に植えると、小さなオリーブの芽が出てくるかもしれません。

⑧トレンド品種の導入は慎重に

イタリアやスペインなどから輸入された海外の新しい品種が全国各地に植えられるようになりました。国内で新たにオリーブを特産品にしようとする地域では、他の地域との差別化を図るために、小豆島4品種以外の品種の導入が盛んです。

また、小豆島でも全国的な新たな品種導入に対抗するため、もしくは炭疽病などの問題を解決する手段として、新品種の栽培が試されています。しかし、最近のこのような産地間の品種競争には、冷静な対応が必要だと感じています。競合相手を間違えないようにしないといけません。

国内でのオリーブオイル消費量に占める国産オリーブオイルの生産量は1％にも届きません。新しい産地にとっても旧来の産地にとっても、競合相手は圧倒的なシェアを持つスペインやイタリアの海外産のオイルです。たとえば、日本で育てて搾ったレッチーノ種のオイルは本場のものを超えることができるでしょうか。アメリカなどで機械化により急速に生産量が増えているアルベキーナ種のオイルを日本で作って価格競争に勝てるでしょうか。

まずは、ある程度の収穫が見込める品種をしっかり育ててから、その次の段階として、日本の風土で育った、日本ならでは、産地ならではのオイルの風味を作り上げていくしかないと思っています。そして、そうなるためには、一年一年確実に栽培、搾油の技術を向上させるしかありません。そう自分を戒めています。

3 畑の準備

オリーブにとって最適な畑とは

うちのオリーブ畑は、6つのエリア合計20の小さな畑で構成されています。それぞれの畑には違いがあり、同じ品種のオリーブを植えても育ち方は違い、そのオイルの風味も違ってきます。それくらい畑の環境は大きく影響します。

オリーブの生育や実の質や収穫にとって最適な畑とは、日当たりがよく、水はけがよく、水もちがよく、土が肥えていて、かん水設備があり、ほどよく風が通る場所です。これだけの条件が揃った畑にオリーブを植えることができれば、最低限の手入れさえしていれば、オリーブはぐんぐん育ち、毎年たくさんの実をつけてくれます。

しかし、そんな恵まれた畑は、なかなか見つかりません。オリーブ以外の果樹でも野菜でも何でも育つ畑は、そもそも持ち主が手放しません。地方で借り手がいない畑は畑として何かしらの問題があることが普通です。

最低限「日当たり」だけは欲しい

オリーブの収穫を目的にした果樹栽培でどうしても必要なのは「日当たり」です。オリーブは年間2000時間以上の日照時間が必要とされています。ちなみに、オリーブ栽培が盛んな小豆島の日照時間は2000時間を少し下回るくらいで、日本全国の真ん中くらいです。ということは日当たりという条件では小豆島より恵まれた地域がたくさんありそうです。逆にいうと、日照時間が明らかに短い畑は、それ以外の条件が揃っていてもオリーブ畑としては厳しいと思います。

日照時間が長い南向きの段々畑

「水はけ」は改善できる

「日当たり」の次に大切なのは「水はけ」です。水はけの悪さは、労力とお金を掛ければ改善することができます。ちなみに、水はけがよすぎる畑とい

田んぼをオリーブ畑に転換した場所

うのも問題です。傾斜地で真砂土のような畑は、水もちが悪すぎて水分や養分を吸えない状態が慢性化することで木がなかなか大きくなりません。そういった畑は、定期的なかん水と施肥が必要になります。「水はけ」と同様にある程度の「水もち」も大切です。

畑の4つのチェックポイント

①穴を掘って地層を見る

畑を借りるかどうかを決める前に、その畑の土を確認します。できれば数カ所を1mくらい掘ってみます。水を通しにくそうな層がある場合は、その層の深さまで掘った穴に水を入れて、水が抜けていくかどうかをチェックします。長年の耕うん機の利用で土が硬く締まっている場合や、地層の浅い位置に水を通しにくい粘土層などがある場合は破砕します。

オリーブは痩せた土地でも定期的な施肥をすれば栽培できますが、肥えて軟らかい土にオリーブを植えると、何もしなくてもどんどん大きくなります。耕作放棄地で雑草が生えていた畑などは有機物が堆積して肥えた土になっていることもありますし、長年の耕うん機の使用で硬い耕盤ができてしまって排水不良を起こしている畑などもあります。こうした土の状態を、掘ることによって確かめることができます。

②山際の対策

オリーブアナアキゾウムシは、山林から畑に入ってくることが多く、畑のすぐ近くに山林があるとイノシシやシカなどの害獣、山の木や竹の根なども侵入してくるので、ある程度、山際から離れた場所にオリーブを植えるなり、遮蔽物の設置などが必要になります。

③軽トラが入れる道があるか

他の果樹同様、収穫したオリーブの実を積んだコンテナ、剪定枝や肥料の運搬など、重いものを運搬することが多くなります。畑の中、もしくは畑に面したスペースに軽トラを乗り入れることができないと不便です。もし、難しい場合は、それに代わる運搬方法を考える必要があります。

④有機栽培なら近隣の畑との距離をチェック

有機JAS認証を受けてオリーブを育てる場合、周辺への配慮と、周辺からの農薬などの汚染に対する対策が必要になります。農薬を使用しないとゾウムシなどの発生源になるのではないかといった懸念を持たれることもあります。そのためにも、毎年のゾウムシの侵入数や捕殺数、羽化した数などを記録に残し、ゾウムシの増殖源になっていないことを説明できるようにします。

　また、周辺の慣行栽培農地や民家の畑などからの農薬の飛散に対しては、一定の距離を空けること、遮蔽物の設置など、有機農家のほうでオリーブを守る必要があります。ヘリコプターやドローンなどで農薬の空中散布が行われる地域での有機栽培は、基本的には困難です。事前に確認しておくことでトラブルを避けます。

畑の探し方

　新規就農者など畑がない人は、まず畑を探さないといけません。僕も苦労しましたが、新規就農者にとって、この畑探しが一番のネックになるかもしれません。

　僕は妻の故郷で就農したので、最初の畑は妻の親戚から声を掛けてもらって借りました。1つめの畑を借りて、オリーブを植えたら、その畑のご近所さんにもっと畑を貸してくれる人はいないか相談したり、新しくできた知り合いに畑を増やしたいことをアピールしたり、ホームページで募集したりしているうちに、毎年1つずつくらい畑を貸そうという人が声を掛けてくれて、今の広さまで増やすことができました。

　就農する土地とは縁もゆかりもない人はどうすればいいのでしょう。逆に土地を貸す人の気持ちになってみると、どこの誰だか知らない人に、使ってないからといって、土地をポンと貸す人はいません。信頼できる人か、信頼できる人が保証してくれる人にしか貸しません。ほとんどの場合、地元の多くの人に信頼されている人に相談に行き、まずはその人に信頼してもらうしかありません。信頼してもらうには、時間と何らかの行動が必要でしょう。ちなみに、そういう地元の名士的な人が思い当たらない場合は、自治体の窓口に就農の相談に行きます。意欲と能力を見てもらうため、農業大学校や地元の農家などでの研修を得て認定農家になるのは、遠回りのようですが案外近道かもしれません。

　ちなみに、お金があっても、農地法に守られた畑を買うのは困難です。それに新規就農者は、本当に農業が続けられるかどうかわかりません。最初は買うのではなく借りることを前提にしたほうが無難です。畑は、ほぼ無償で借りることができます。お金で解決しないからこそ、難しいことになっているというのが新規就農者としての感想です。

水はけが悪い田んぼをオリーブ畑に変える方法

耕作放棄地になっている田んぼの新しい使い道の一つとして、オリーブなど果樹園への転換が図られるようになってきました。しかし、水を好むイネを育てるために、田んぼは水を逃がさないような構造になっています。オリーブは滞留水を嫌うため、田んぼの水はけの悪さが問題となります。

田んぼにそのままオリーブを植えると、根腐れを起こしたり病気になったりして、徐々に木は弱っていきます。田んぼにはオリーブを植えない、というのが島のオリーブ農家の先輩たちから受けたアドバイスでした。しかし、水はけがよい畑は人気があり、使われず残っているのは田んぼだけというのが実情です。しかし、水はけが悪い田んぼもいくつか改善すれば、ある程度は安定的に実が収穫できるオリーブ畑になります。何とか、ここまですればオリーブを植えても大丈夫という方法がわかってきたので、紹介します。

①穴を掘って地層をチェック

田んぼに数カ所、1ｍくらい穴を掘って地層を確認します。作土層の土壌状態、鋤床層の深さと厚さ、鋤床層の下層の土壌状態を見て、天地返しによって破砕する深さを決めます。鋤床層は粘土で赤褐色をしていることが多いので見分けやすいです。

問題は、鋤床層の厚さとその下層の土壌状態です。下層が水を通しにくい粘土層だと、そこを抜けるまで掘らなくてはいけなくなるし、下層が薄い場合は、掘る深度は浅くて構いません。ちなみに、黒く肥えた田んぼの作土をできるだけ残したいので、水が通らない層を抜くことさえできれば、できるだけ浅く掘り返すようにしています。

地層を確認する

場合によっては、下層の浅いところに地下水が溜まっていて、鋤床層を破砕すると逆に水が湧き出てしまうような田んぼもあります。そのような場合は、オリーブ畑をあきらめるか、鋤床層は破砕せず作土層が50㎝＋α以上になるように客土を盛るしかありません。投資が必要になりますので、その投資に見合う収益が上がるかを慎重に判断します。

②鋤床層と下層の粘土層を全面破砕する

水を通さない鋤床層を含めた粘土層を、ユンボなどの重機を使って全面破砕していきます。作業的には底にある粘土層と作土層をひっくり返しながら混ぜ込みます。ここの作業はスコップを使って人力でやることは難しいです。ポイントは、畔以外は全面の鋤床層を掘り抜くことです。最初の頃は、全面破砕は大変だったので植える箇所の1m四方だけを掘っていましたが、その結果、水が抜けにくい箇所がまだらに残り、成木になる頃には弱る木が出てきました。

③上流部からの水の流入を受ける溝を掘る

田んぼの近接地は田んぼであることが多く、問題になるのは、上流に田んぼがある場合です。田んぼは、水を張っている状態でも少しずつ水が下流に抜けていくようになっています。その水を集めて排水しないと、下手のオリーブ畑に水が沁み込んでくる状態が続きます。簡単なのは、ユンボのバケットの幅で鋤床層の上の深さまで一筋溝を掘るだけでOKです。その溝を排水口につなげるか、畑の端に水を溜める池を作りポンプなどで排水することができるようにします。

ユンボで鋤床層を全面破砕する

上流部からの漏水を受ける溝を掘る（矢印）

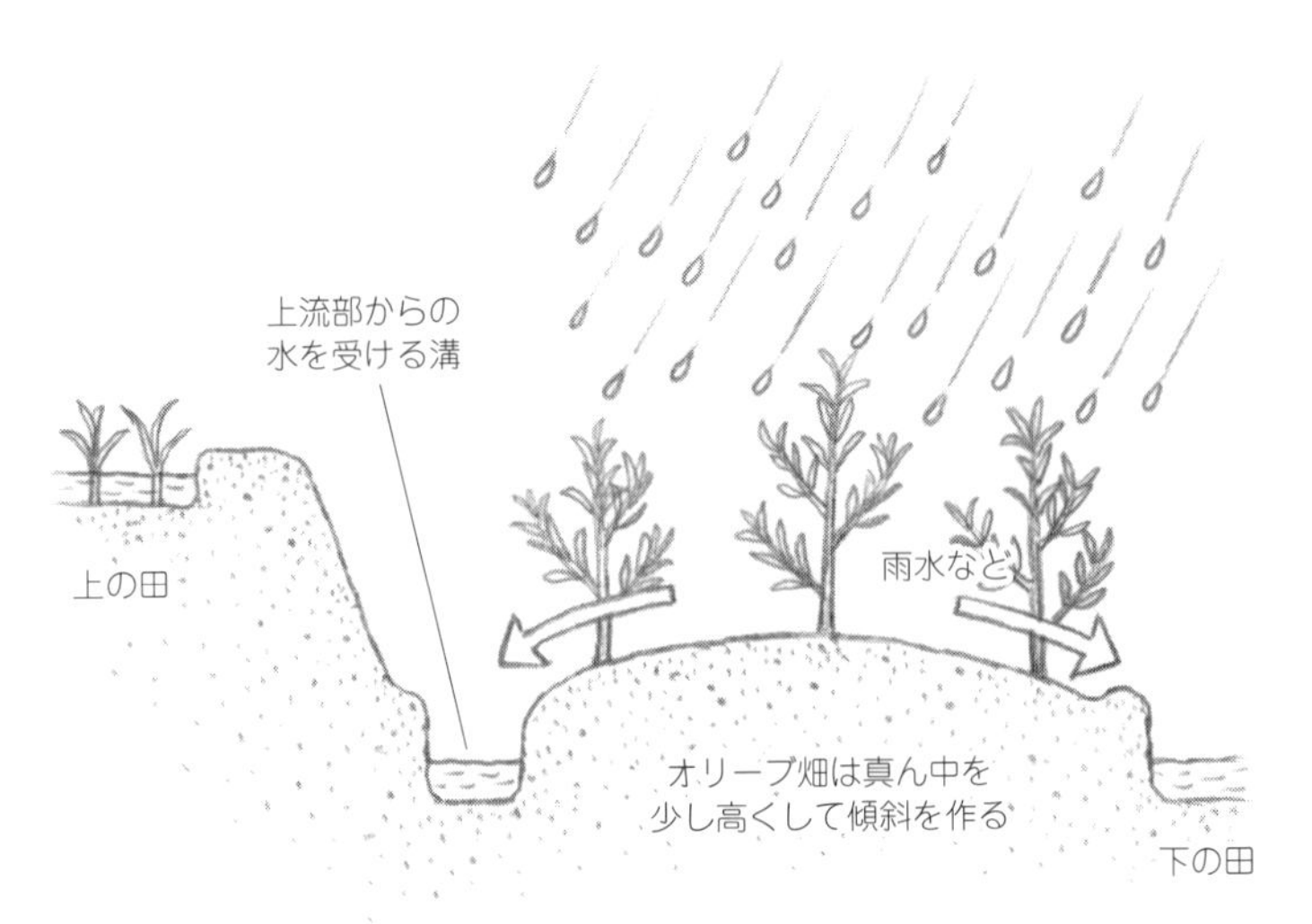

田んぼをオリーブ畑に変えるときは溝と傾斜を作る

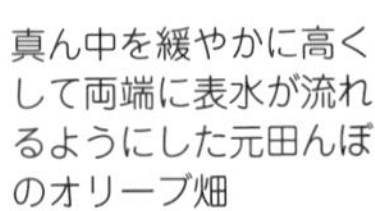
真ん中を緩やかに高くして両端に表水が流れるようにした元田んぼのオリーブ畑

④表土を排水するための傾斜をつける

降った雨を速やかに排出するために、できれば畑の真ん中付近の土を緩やかに高くして周辺を低くします。田んぼに緩やかに傾斜がある場合は、それをそのまま利用します。この傾斜は必須ではありませんが、台風などの大雨が降ったときに畑の表面に溜まる余計な水を速やかに排出することができ、オリーブのダメージを減らすことができます。

⑤その他の注意点

・基本的に畔は壊しません。畔を壊すと畑に溜まった泥水が下の田んぼに流出したり、場合によっては畔を支える石垣などの構造物が損壊してしまうことがあります。

・田んぼを畑に変えることは比較

的簡単ですが、鋤床層を破壊した畑を田んぼに戻すことは大変です。田んぼを貸してくれる地主の方と使用方法や栽培品目、鋤床層を抜いてしまうことを念入りに説明し、あらかじめ承諾をもらいます。文書での契約もトラブル回避につながります。

・鋤床層を全面破砕しても、水が集まる低い場所などは水が溜まりやすくなります。100％水はけを改善することはできません。水が溜まりそうな場所には、水気に強い品種を植えるといった方法もあります。また、オリーブより水気に強い果樹などを植えたり、何も植えずに駐車スペースや作業スペースなどにしたほうがいいかもしれません。

4 植え付け

おすすめは春植え

春植えと秋植えがありますが、より成功するのは春植えです。土が凍らなくなったら植え付けが可能です。うちでは3月中旬あたりから5月初旬くらいに植えることが多いです。特に、根を大きく切る「根巻き」をした木はデリケートなので丁寧に扱う必要がありますが、この時期に移植すると枯れにくいです。ポット苗など根の損傷がほとんどない状態で植え付けができる場合は、真夏と冬以外ならあまり季節は気にせず植えています。

はじめは密植にし、2段階で間引く

うちの畑のオリーブの成木の枝の広がりは、ルッカのように大きいもので直径6ｍの円状に広がっています。小さいアルベキーナなどでは4ｍ。平均的なミッションで5ｍくらい。厳密には栽培する品種によって間隔を変えたほうがいいのですが、畑の環境によって木のサイズが変わりますし、剪定によって枝の広がりを抑えることもできます。うちではどの品種も木の広がりの目安を5ｍくらいと想定して、最終的に木の間隔が5〜6ｍになるようにしています。

最終的に6m間隔にしたい場合は、まず苗木を3m間隔の密植で植えます。密植にする理由は3つあります。まず、木が小さいうちは間隔を狭く植えておいたほうが、早い時期から収穫を増やすことができます。2つめは、ゾウムシなどの原因で木が枯れてもたくさん植えてあるのでリスク軽減になります。3つめは、密植にすることで木の枝が地面に影を作るので、下草の量が少なくなり草刈りの労力が軽減できます。

オリーブの栽培管理のうち、多くの時間がかかるのは草刈りと、有機栽培の場合はゾウムシの見回りです。これらの日々の管理作業の量は、木の本数ではなく畑の広さに比例します。つまり、密植で木をたくさん植えても、広々と間隔をとって少ししか木を植えなく

間伐は、写真中央のように、1mくらいの高さで切り詰めることが多い

最初の定植間隔　3m　25本の苗木

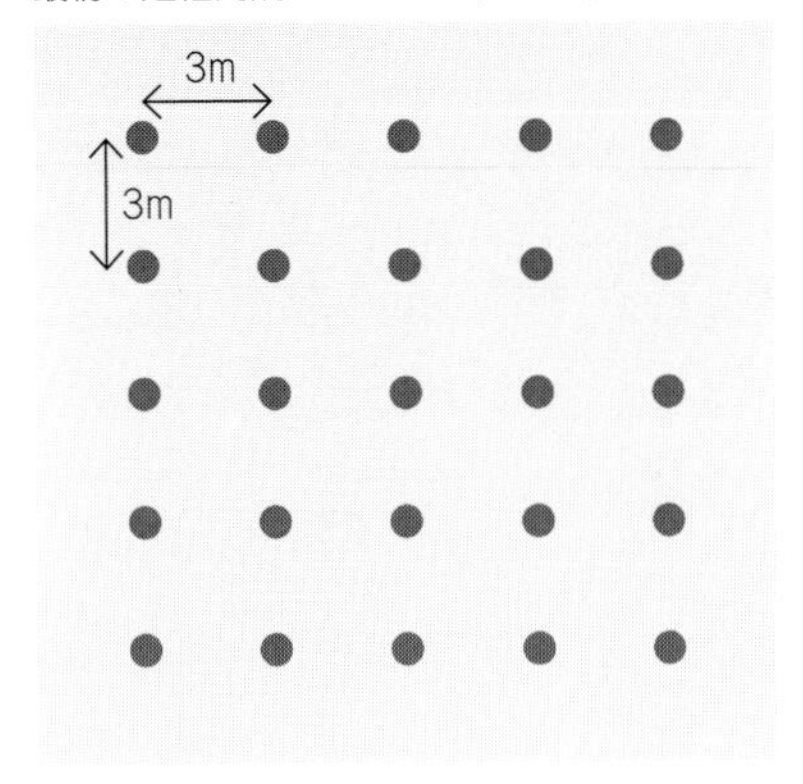

最初の間引き　25本の苗木→13本の苗木

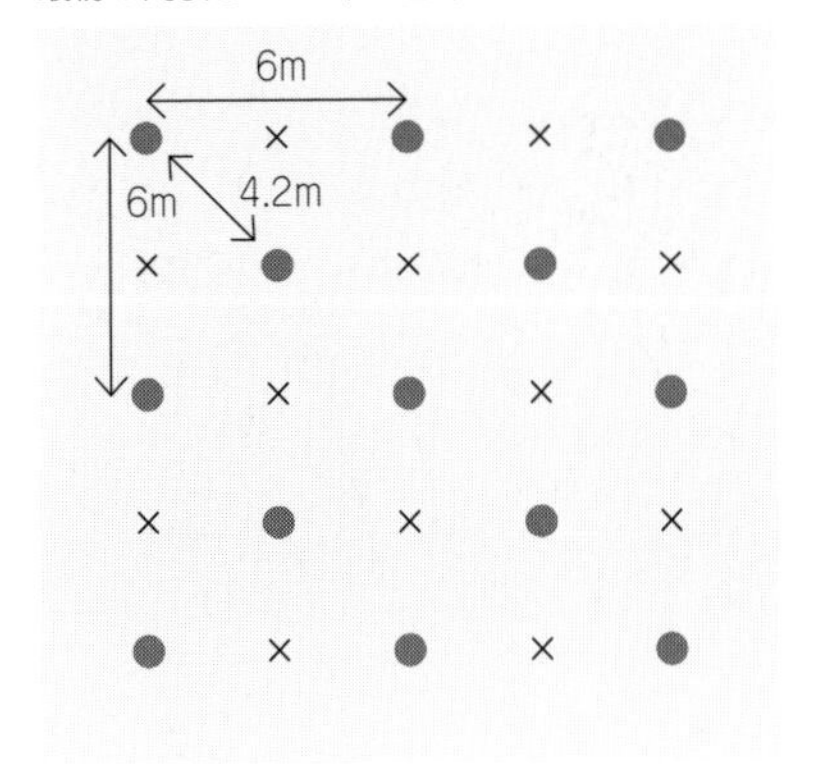

最終段階の間引き　13本の苗木→9本の成木

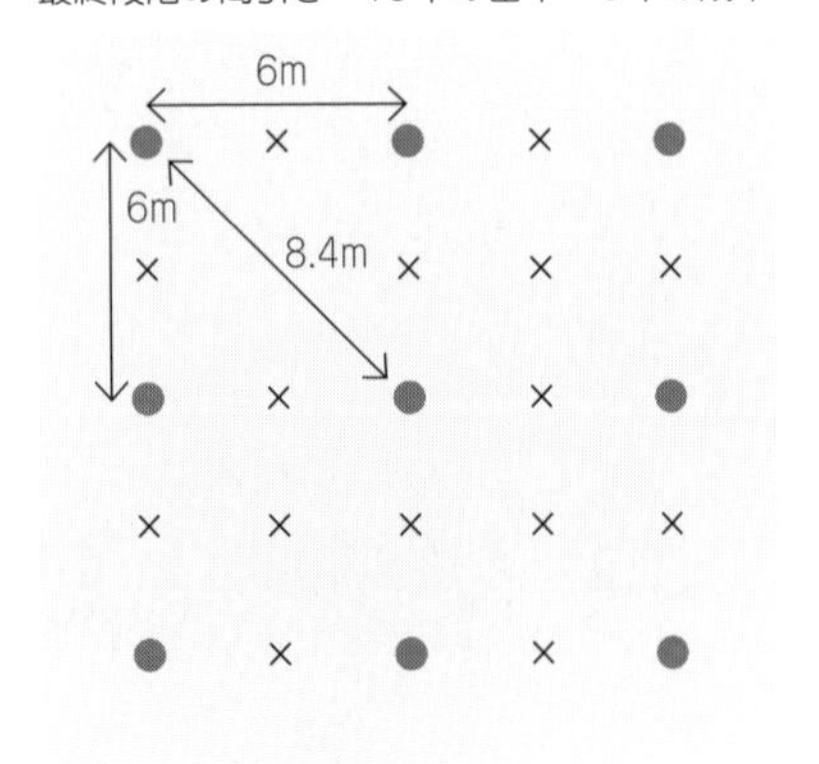

残す品種が決まっている場合は、残す位置に配置しておく。残す品種が決まっていない場合は、違う品種を交互に植え、成木になるまでに残す品種を決めて残りの品種を間引く。受粉樹用の木はどちらを選んでも残るように配置しておく

間伐の進め方

ても、日々の畑仕事の労力は同じです。

苗木が成長して、隣どうしの木の枝が触れ合うようになってきたら間引きを行います。間引きは右ページ図のように2段階で行い、最終的に約6m間隔になります（植え付けから約10年後）。間引きの方法は、1mくらいの高さで切り詰めたり、抜根するなどしています。間引いた木を移植するとなると、重機で根の周りを大きく掘り起こす手間が必要なので、今は基本的に移植はしていません。

植え付けの方法

①穴を掘り、堆肥と苦土石灰を混ぜる

オリーブは弱アルカリ性の土壌が適していますが、日本の土壌は弱酸性なので、植え付け前に苦土石灰でpH調整をします。

直径1mの円×深さ50～60cmの穴を掘り、掘った土と完熟牛糞堆肥（馬糞でもOK）10～20kgと苦土石灰2kgをよく混ぜ埋め戻します。植えた後に周辺より少し高くしたいので、土を他から持ってきて加えています。

②根鉢を崩さないように植える

ポットから根鉢を取り出します。根鉢が崩れると細根が切れるので、できるだけ土を落とさないように、そっと取り出します。根元の高さが周辺の地面より5～10cmほど高い位置になるように穴の深さを調整します。根鉢を入れたら、周りの土を隙間に入れて埋め戻します。根元が周りの地面と同じ高さにして植えると時間とともに沈んで低くなります。根元が低くなると周辺の水が溜まるようになり根腐れの可能

植え穴を掘った土に完熟牛糞堆肥と苦土石灰と土を混ぜて埋め戻した。ここに苗を植える

ポットから根鉢を取り出す

性が高まるので、少し高めに植えるようにします。

③水鉢を作り、たっぷり水やり

植え穴から直径1ｍのところに円形に土手を盛り上げ、水鉢を作ります。苗を植えたら、ここに水をいっぱいに張ります。水を張った状態で根鉢と周りの土を馴染ませるために、棒などで根鉢の周りの土を突き込みます。空気の泡が出てこなくなるまで、しっかり突き込むことで、根が早く周りの土に伸びることができるようになります。棒の代わりに水を出しながらホースを差し込むのも効率的です。

④軽く剪定する

植え付けによる根の損傷や、新しい環境でのストレスに晒されることで、根が吸い上げる水分と葉からの蒸散のバランスが崩れることがあります。このバランスを取るためにも軽く剪定します。根元から出ている不要なひこば

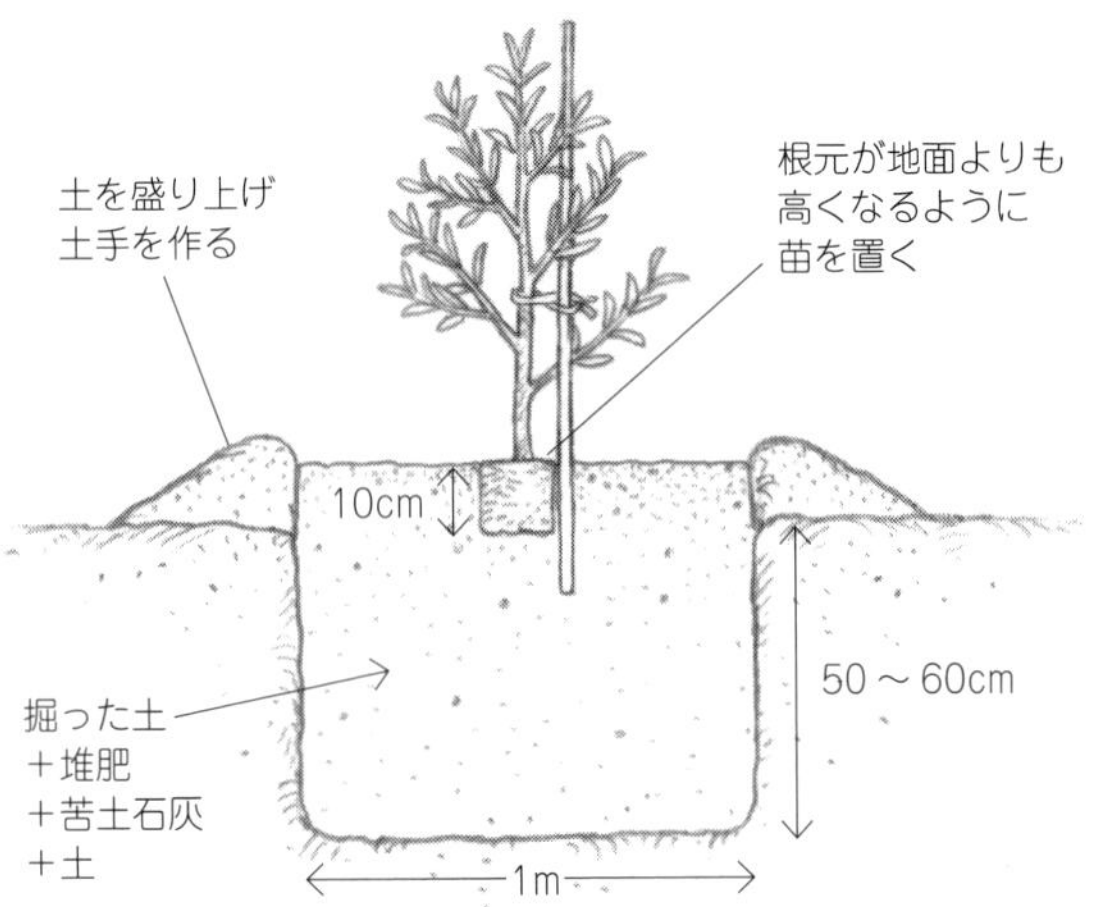

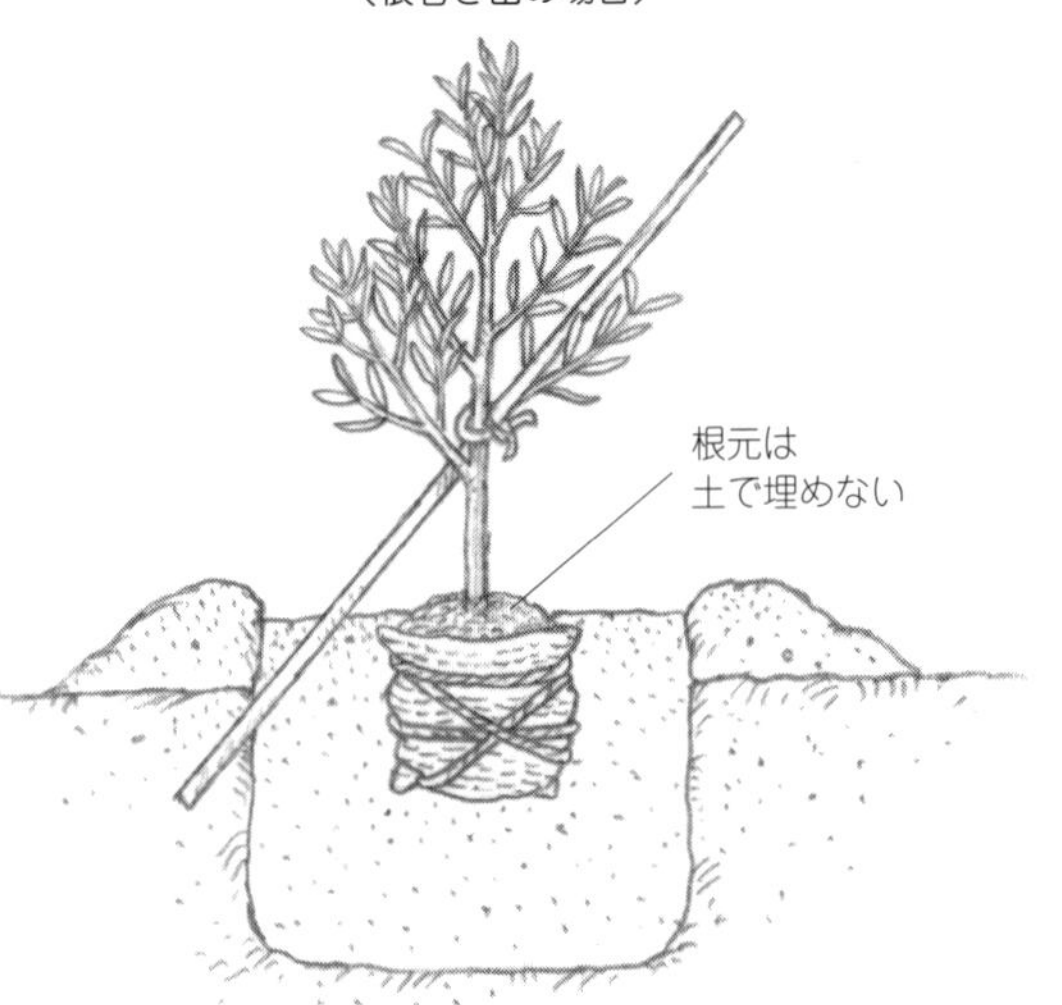

オリーブ苗の植え付け方

えや、成長過程でいらなくなる同じ方向に伸びている2本の枝の片方や内側に向かっている枝はこのタイミングで落としておきます。根鉢が傷ついていないようなら剪定を省略することもあります。

⑤支柱を立てる

苗木を最初に支える支柱は竹や市販のイボ竹を使っています。主幹の真横にまっすぐ立てても構いませんが、斜めに地面に刺したほうが数年して抜くときに楽です。支柱と主幹はヒモでしっかり固定します。緩いと風が吹くたびにすれて、樹皮やヒモが傷みます。ヒモは、ビニールハウスなどで使用する平たいハウスバンドが幹が太くなっても食い込みにくいので便利です。あまり硬くて丈夫なヒモより、軟らかくて切れやすいものを年に1回くらい取り替えるほうが、樹皮に食い込んだり、傷が入ったりしません。オリーブは根が浅くて風に弱いので支柱は必須です。台風で倒れたり、普通の風でも揺れ続けることで細根が切れて成長に影響が出たりすることがあります。

⑥識別番号と配置図で細かく個体管理

畑のすべての木に識別番号を付けて

水鉢を作って水をたっぷり入れる

根巻き苗は根が減った分しっかりと枝葉を落とす

竹の支柱で支える

わが家のオリーブ畑（一部）の配置図

a10 m	a11 m k	a12 r	a13 m k	a14 r	a15 m k	a16 r	a17 m		
b10 m k	b11 r	b12 m k	b13 r	b14 m k	b15 ne k	b16 m k	b17 r	ベルガ	井戸
c10 r	c11 m k	c12 r	c13 m k	c14 r	c15 m k	c16 r	c17 m		
d10 m (k)	d11 r	d12 m k	d13 r	d14 m k	d15 r				

k＝間伐中

配置図に記載します。識別番号、品種と植え付けた年を記載しておきます。オリーブの品種は、見慣れた品種でもわからなくなることがあります。搾油や塩漬けなどは、品種が混ざらないように必ず品種別に行いますので、配置図は必須です。ちなみにラベルなどを取り付ける畑もありますが、収穫のときに識別できればいいので、一人で栽培管理をしている小規模な農園では、そこまでの必要はありません。

⑦小さいうちは丁寧に管理する

目安として1カ月くらいで新芽が出始めます。それまでは週に1回くらい水鉢いっぱいの水を入れてやります。新芽が出て、根が伸び始めたら水やりは必要なくなりますが、最初の夏に1カ月以上、雨が降らないようなら水をやります。

数週間すると雑草が根元に生えてきます。苗木が小さいと雑草に水分や養分を取られてしまうので、草抜きは、成木よりマメに行います。草刈機を使うと、まだ苗木の幹が細く間違って切り倒してしまうことがあるので、面倒でも根元の雑草は手で抜いています。

新芽が出始めると若い木にはハマキムシが春と秋に発生します。成木と違って葉の量が少ないので、場合によっては丸坊主に食い荒らされること

若い苗木はハマキムシに食害されやすい（矢印）

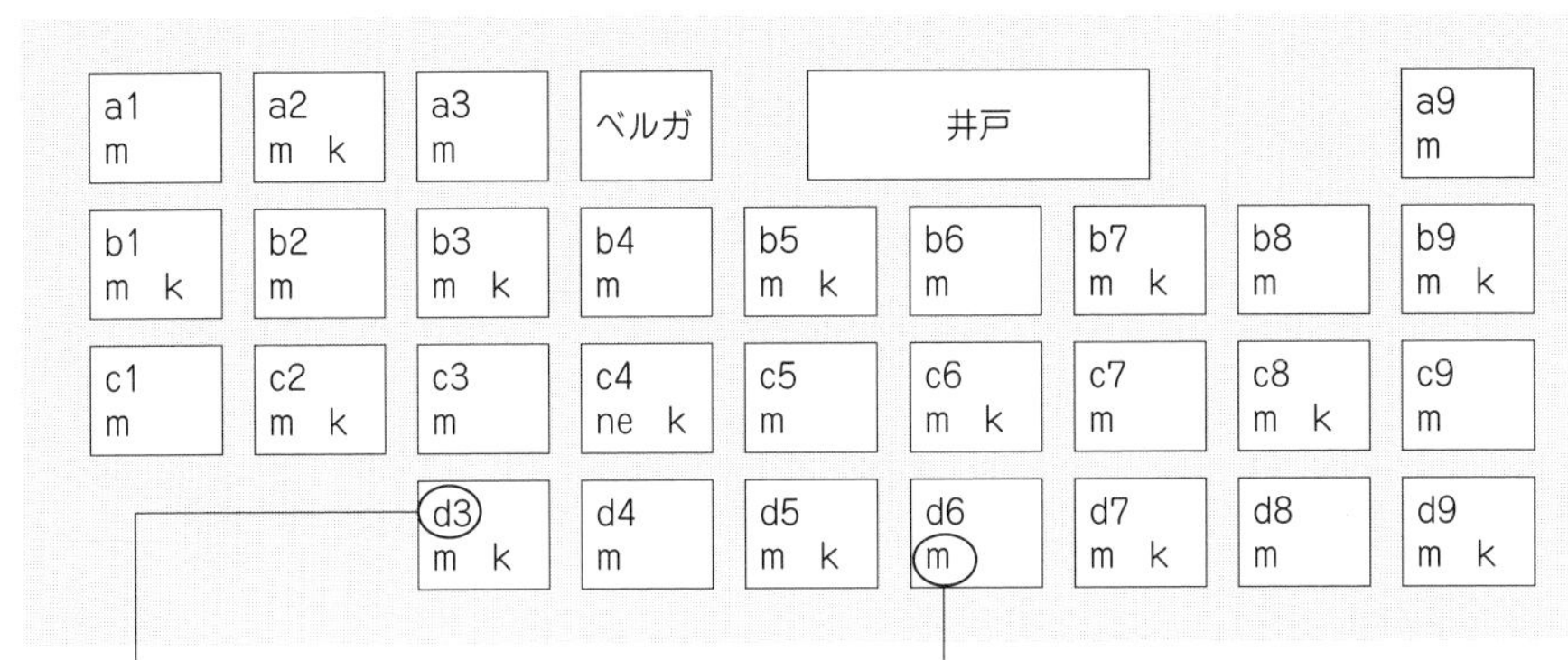

識別番号　a～dは列、数字は列ごとの通し番号

品種　m＝ミッション、r＝ルッカ、ne＝ネバディロ・ブランコ

があります。手で捕殺するかデルフィン顆粒水和剤（有機栽培でも使用可能な殺虫剤）を使用します。

ちなみに小さい苗木は植えてから1年ほどはオリーブアナアキゾウムシの被害にほとんどあいませんので、ゾウムシの防除対象からは外しています。

5 支柱の立て方

オリーブは根が浅い

支柱には2つの目的があります。1つめは、台風などの強風で木が倒れるのを防ぐ倒木対策です。オリーブは根が浅く、小豆島では毎年数回やってくる台風のたびに倒木の被害が出るので、しっかりとした支柱が必要になります。2つめは、若木の保護のためです。木が小さく根の張りが弱い若木は、強風でなくても断続的に地上部が揺れる

台風で倒れたオリーブ

ことで、地下茎に振動が伝わり細根が傷つくことがあります。細根が傷つくと養分や水分を吸い上げる能力が落ち、木の成長が阻害されるため、主幹を固定しています。

素材別の使い方

支柱の素材として、鉄製のL字鋼や、木や竹の支柱、市販のイボ竹などがあります。小豆島ではL字鋼（山形鋼）が多用されています。とにかく頑丈で、ハウス用の廃材を使えば無料で手に入るのがメリットです。またホームセンターなどで売られている木製の杭やイボ竹、どこにでも生えている竹なども支柱として使えます。うちの畑では最初の頃はL字鋼を使っていましたが、今は竹の支柱に切り替えています。

①L字鋼

L字鋼のメリットは打ち込みが簡単で頑丈なところです。しかし一度打ち込むと抜くのが大変な素材です。ハウスの廃材などを再利用すればお金はかかりませんが、鉄の細い杭が畑のあちこちに突き出ている状態になるので、三脚に乗って収穫するときなど、その上に落ちれば大けがをするといった危険もあります。

立て方は2つあります。1つは3本使用した立て方、もう1つは2本使用した鳥居型です。

まずは小豆島で多用されている、台風への強度が高い3本立てです。木から0・5～1mくらい離れた場所に正三角形の配置になるようにL字鋼を打ち込みロープで引っ張って支えます。3本立てのポイントは、木の真ん中を通っている主幹を3方から引っ張ることです。ロープはたるませずピンと強く張ることで強度が増します。L字鋼は真ん中に引っ張られるので、少し外側に倒して打ち込みます。またL字の凹部分は内側に向けます。ロープはビニールハウスなどで使用される平らなハウスバンド（マイカ線）がおすすめです。普通の丸いロープを使用すると木の幹に食い込むことがあります。

3本支柱より強度は若干劣りますが、台風で倒れるなどの被害は、2本支柱の鳥居型でもほとんどありません。デメリットは、オリーブの木を支える横に渡した竹の結束部分がゾウムシなどの隠れ場所になることです。2本鳥居の支柱の立て方は、木の主軸と平行になる位置、50cmくらいの場所に打ち込みます。風の方向がわかる地形でしたら、風向きと支柱が相対する場所にL字鋼を打ち込みます。鳥居支柱は真正面真裏の風には強いですが、横風に若干弱いので、支柱から主幹にロープを

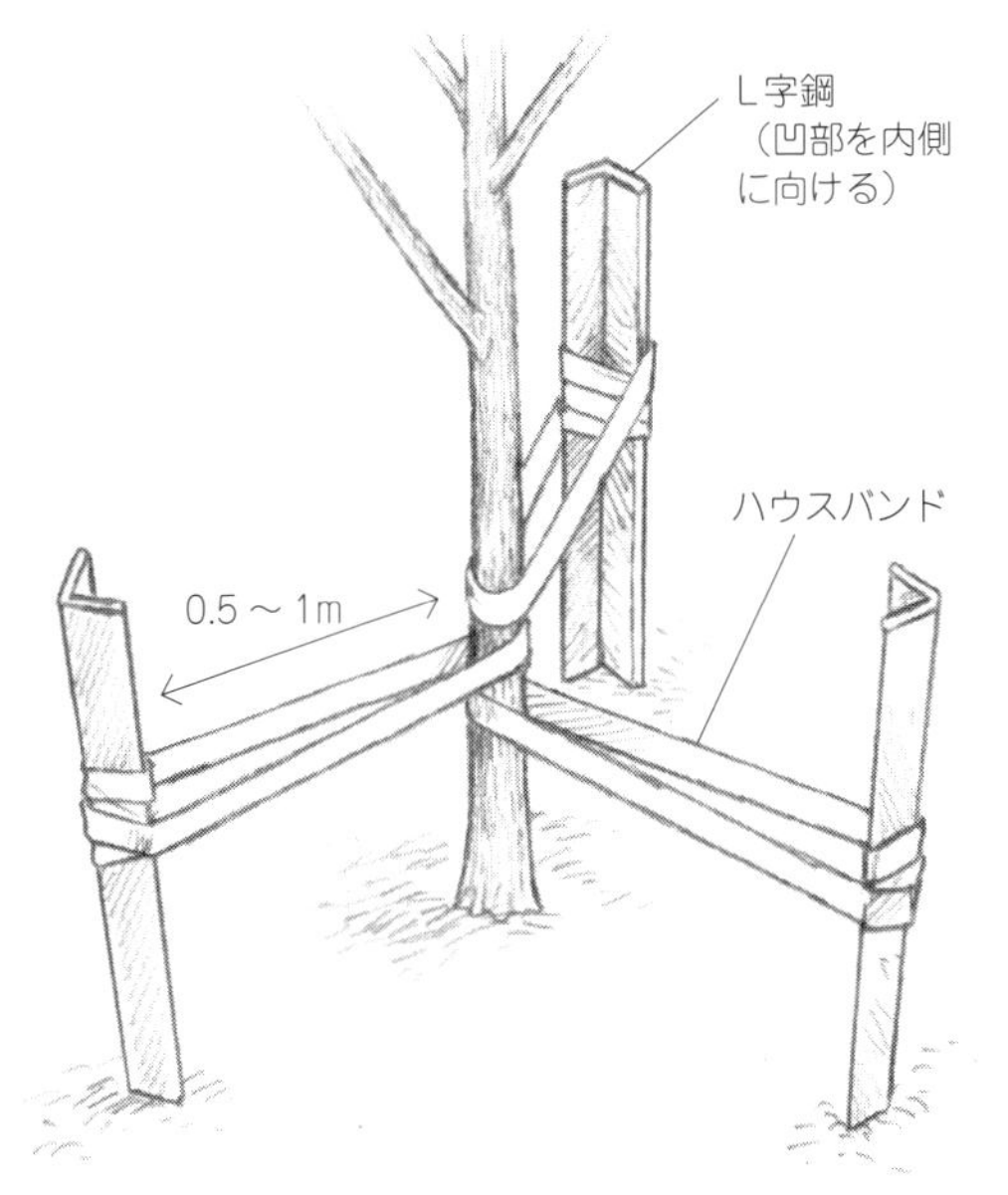

L字鋼3本を使った支柱の立て方

L字鋼を3本使った支柱

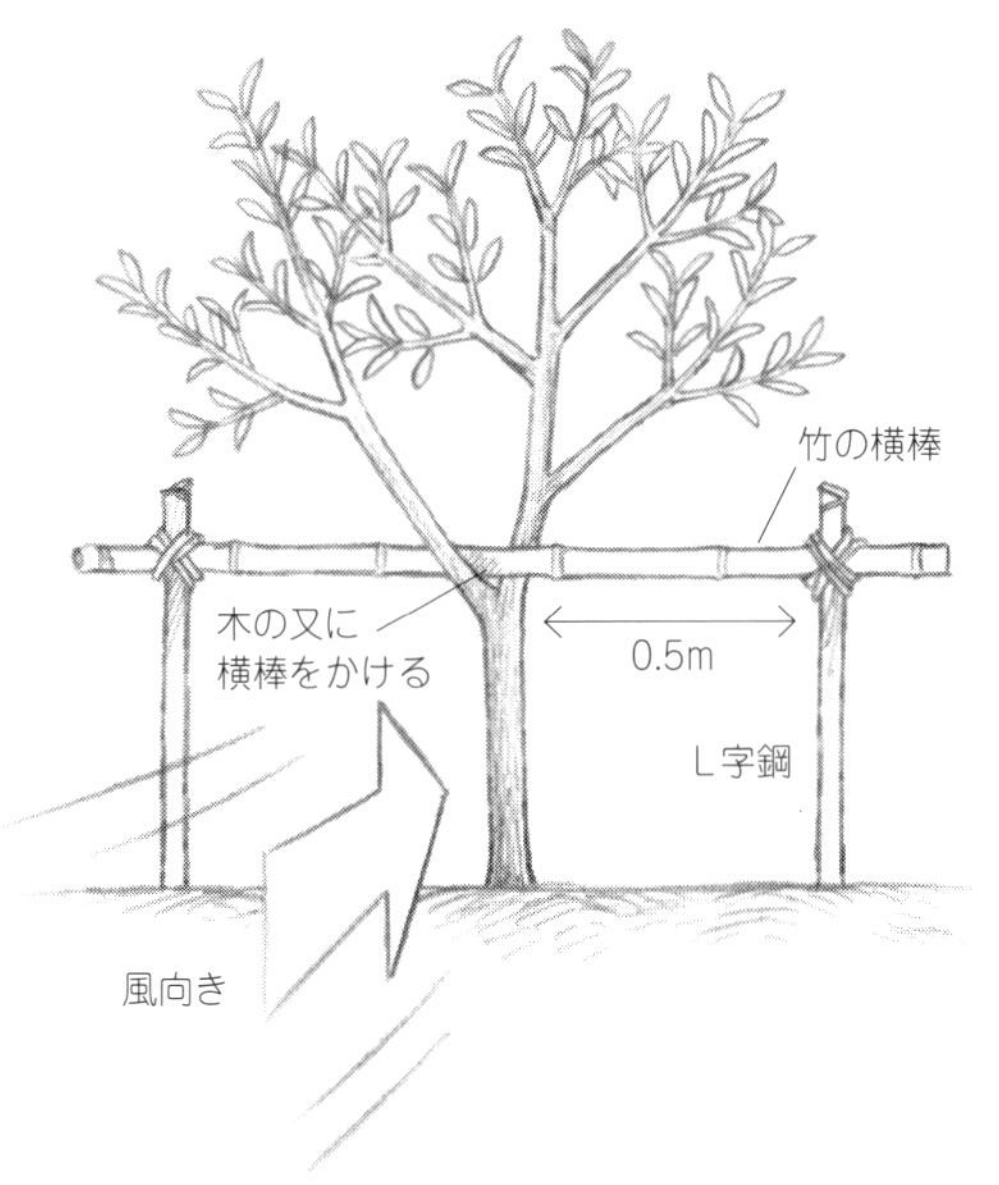

L字鋼2本を使った支柱の立て方

L字鋼を2本使った支柱

掛けて両サイドから引っ張ると側面の風にも対応できます。横棒の材質は何でも構いませんが、うちでは竹を使用しています。竹が主枝の間に入るようにするとロープなどで固定せずに木を固定することができます。竹の高さは1m前後。L字鋼と竹は針金でくくるほうが強度を保ちやすく、害虫などの隠れ家になりにくいのでおすすめです。

②竹の支柱

竹は、土地の所有者に断りさえ入れれば無料でもらえます。また、先を尖らせることで地面に深く食い込ませることができます。不要になったら抜きやすく、抜けなくても竹の根元から折ってしまえば終わりです。しかし、鉄などと違い竹は腐食します。腐食に気付かず台風が直撃すると倒木することがあります。支柱は年に一度程度は、ぐらつきがないか確認して打ち直す必要があります。また、大きな成木を支える支柱としては強度が足りません。あくまでも苗木を若木に育てて成木になったらオリーブの木自身の根で支えることを前提にした素材です。

竹の支柱は木が2m前後までの若木を支え、3m以上の成木は支柱なしで木自身の根で台風に立ち向かえるよう土を作り、木を育てるというのが前提です。土が痩せていて根が張りにくい土地にオリーブを植える場合はしっか

竹の支柱の作り方

竹を1本使った支柱

竹を2本使った支柱

りした2本支柱、土が肥えていて根が張りやすい土地には1本支柱で十分です。2本支柱の立て方のポイントは基本的にL字鋼と同じです。

竹は肉厚で節が多く、ずっしりと重みを感じるものが頑丈です。打ち込む前に先端は斜めにカットし尖らせます。尖らせた方と逆の打ち込み面は節の手前でカットし雨水が溜まらないようにします。1本支柱は斜めに打ち込んで交差させます。木のすぐ横にまっすぐ立てる方法もありますが、うちでは害虫のオリーブアナアキゾウムシが根元にいる場合に発見が遅れるので、オリーブの根元から少し離した位置に支柱を打ち込むようにしています。

根をしっかり張らせ、支柱のいらない木に

オリーブを育て始めた頃は、台風が来るたびにハラハラし、倒れた木を見ては落ち込んでいました。今でも、もちろん台風は嫌いですし、木が倒れると悲しいですが、倒れた理由を冷静に分析することができるようになりつつあります。

木が倒れるときは枝葉などの地上部と、土の中にある木を支える根のバランスが崩れていることが多いということがわかってきました。土を育て、根をしっかり広げさせることで、成木になる頃には台風に負けない木に育てることができます。

若木はどうしても枝葉が根より優先的に育ってしまうので、根がしっかり張るまでは支柱で助けてやりますが、若木が倒れたら、頑丈な支柱に替えるのではなく、枝葉をばっさり刈って根とのバランスを取れるようにします。成木が倒れるようなら、その土地の問題（風の通り道や水はけが悪い土壌）として、あきらめて伐採し、そこにはオリーブを植えません。

そのような判断もあり現在、抜くのが大変で安全面も心配なL字鋼は極力使わないようにしています。基本的にはすべて竹の1本支柱で若木を支え、土を育てることに注力し、倒れれば枝葉を切るようにしています。これからも、台風がくればおろおろし、倒れた理由を考え、最後は木の力を信じようと思います。

6 下草の管理

除草の挫折と草生栽培の模索

①失敗した芝での雑草抑制

慣行栽培のオリーブ畑では、害虫対策のために清耕栽培（中耕や除草剤などで草の生えない裸地に維持して作物を栽培すること）が推奨されています。オリーブ栽培を始めた頃は、管理機で地面を掘り返し草刈機で削るように草を刈っていましたが、どれだけ刈っても草はすぐに生えてきます。草刈りのあまりの大変さに打開策としてカバープランツの導入を思いつきました。

草を抑えるために草を植えるというカバープランツこそ、草刈り省力化の手段になるのではないかと思い、センチピートグラスなど8種類の芝をそれぞれ違う畑に植えてみました。すると、芝はアレロパシー（他の植物の生長を抑える作用）が強くランナー（ほふく茎）で広がって雑草を抑えますが、品種によってはあまりにも強くてオリーブと水分や養分を奪い合ってしまうことがわかってきました。逆に、弱い芝は雑草に負けて、いつの間にか消えていきました。

②シロツメクサとの出会い

芝以外にも、日当たりが悪い木陰でも育つダイカンドラや緑肥としても注目されているマメ科のヘアリーベッチなどを試し、緑肥として昔から使われてきたシロツメクサ（白クローバー）に行きつきました。オリーブの根元以外の畑全面に種をばらまいて様子を見たところ、夏の暑さに弱く、よく生えるところとそうでもないところがあり、カバープランツとしてはいま一つという印象でした。しかし、春先からどんどん育っては枯れるので土が肥えていくスピードが芝類より早いと感じまし

センチピートグラスを下草にしたオリーブ畑

た。また、芝より丈が高いシロツメクサにはたくさんの虫が棲むようになって、それらがオリーブの害虫のハマキムシを食べてくれることなどもわかってきました。

これまで下草は雑草を抑えるカバープランツだと思っていましたが、土作りと益虫を呼び込むコンパニオンプランツとしても大切な役割を果たしてくれることに気付きました。

しかも、シロツメクサの弱点だと思っていた他の草花を抑制しない性質が、プラスに働きました。早春の頃、畑一面にオオイヌノフグリの青い花とハコベの白い花が覆い始め、季節が変わるごとにさまざまな一年草の草花が花を咲かせては枯れていくようになりました。シロツメクサと一緒にそれぞれの得意な場所で花を咲かせては枯れて、たくさんの有機物を生み出し、たくさんの虫を集めてくれます。

ジャマモノと思っていた雑草が、じつは土を肥やし、害虫を食べてくれる虫を集める最高のコンパニオンプランツだったということに気付かされました。今では、自然に生えてきた雑草が畑のおもな下草になっています。こうした、日本の気象環境に適した草花を上手に畑に取り込むやり方は、草生栽培と呼ばれていました。

シロツメクサを下草にしたオリーブ畑

冬に畑を覆うオオイヌノフグリとハコベ

草生栽培は放置ではない

その場所に生息する草花を受け入れる草生栽培ですが、何もしない放置栽

わが家のオリーブ畑の雑草たち

冬	○	ハコベ
	○	オオイヌノフグリ
		スイセン
		ホトケノザ
		ナズナ
		タンポポ
春		ヒメオドリコソウ
		アズラナ
	○	スミレ
	○	シロツメクサ
		キュウリグサ
	○	カラスノエンドウ
	○	スズメノエンドウ
		イヌタデ
		マツヨイグサ
		ツユクサ
夏		ヒメジョオン
		ヨモギ
		カヤツリグサ
		スズメノカタビラ
		メヒシバ
		ドクダミ
		セリ
秋		ヒガンバナ
	○	カタバミ

定期的に草を刈ることで、5年ほどで地力がついてくる。土が肥えてくると、○印のような柔らかい草が増えてきて、背の高いイネ科雑草は減ってくる

培とは違います。実際にやってみると、そのまま草を自由に生やしてはいけないということがわかってきました。小豆島の自然の中でたくましく生きている雑草を、そのまますべてオリーブ畑に受け入れると、いま一つ日本の気象環境に馴染めないオリーブは生存競争に負け、数年後には枯れてしまいます。

すべての草花を受け入れるのでなく、好ましい草花に増えてもらい、困った草花は徐々に減らす管理は必要です。そのためには、月に数回の草刈りや手作業での草抜きが必要になります。そういう意味では、草生栽培は清耕栽培より手間がかかります。しかも、その努力を数カ月怠るだけで、あっという間に草生栽培の畑から藪に変わってしまいます。

草刈りは目的を明確にして効率よく

草生栽培だからこそ、丁寧な草刈りが必要です。草刈りの労働時間の限界が、畑の管理能力の限界であり、収穫量の限界にもなります。丁寧に、かつ効率的な草刈りの方法を今も試行錯誤し続けています。そのために心がけていることは、漠然と草を刈るのではなく、常に目的を明確にして必要最低限の作業だけに集中しています。

草を刈る目的はおもに3つあり、それぞれの目的に合った草丈で刈り、刈る道具やタイミングを変えています。

①生えてほしくない草を減らす

生えてほしくない雑草には3つのタイプがあります。1つめは多年草の芝類やススキ、チガヤなど、根を年々増やしマット状になってしまいオリーブの根に養分が届きにくくなる雑草です。できる限り弱らせるために、他の草を刈るときに、その草だけは地面すれすれにチップソーで短めに刈ってできるだけ弱らせます。

2つめは草刈機に絡まり作業効率を

多年草の根が強くなってきたら、数年に1度管理機で天地返しをする

根元だけは草を生やさない

著しく阻害するクズやヤブガラシ、ヤマノイモ、棘があるノイバラなど。根元から鎌で切り落とします。服に種がくっつくセンダングサなどは群生することが多いので花が咲き始めたら、その周辺だけ一気に刈ってしまいます。
3つめは草ではなく雑木です。アカメガシワやアキニレなど雑木が石垣の隙間などから芽を出し、あっという間に大きくなってしまいます。定期的な草刈りを忘れてしまいがちな場所に生える雑木は、小さいうちに見つけ次第小まめに手で抜くしかありません。逆にシロツメクサやハコベなど草丈が30cm以下の草は刈らずに、そのままにしておき、種が落ちて来年も生えてくるのを待ちます。

②ゾウムシからオリーブを守る

詳しくはオリーブの病害虫対策のページに書きますが、オリーブアナアキゾウムシ対策のため、オリーブの根元だけはいっさい、下草を生やしません。基本は手で根から抜きます。もしくは、ナイロンコード式の草刈機で地上部を飛ばしても構いません。

③短く刈り揃え、景観を整える

オリーブの栽培自体には関係ありませんが、借りている畑などは持ち主からすると、草を刈ってほしいから貸している場合があります。あまりに丈が高いイネ科の雑草や、セイタカアワダチソウなどの種を飛ばす雑草は周辺の民家にも嫌がられます。うちではおおむね30cmくらいの高さを越えたら10cmほどに刈り揃えるようにしています。

何年も繰り返していると徐々に背の高い草は生えなくなるので、この景観を目的にした草刈りは減っていきます。

刈った草はそのまま放置

刈った草は、刈った場所にそのまま置いておきます。それらをダンゴムシや小さい虫、ミミズや菌類が分解することで、ゆっくりと土を肥やし、次に生えてくる草花とオリーブの栄養になります。また土の中に生の草を鋤き込むと嫌気性の腐敗を起こしオリーブにダメージを与えることがあります。刈ったまま地面に積んでおくことで、刈った草を集めたり運んだり、野焼きする作業も省力化できます。

一気に畑全部の草を刈らない

草花の中にはたくさんの生き物がいます。ほとんどの虫たちはオリーブにとって直接関係はありません。しかし、オリーブにとっての害虫を食べてくれる益虫を増やすためには、その益虫が食べるたくさんの虫がいなくてはいけません。オリーブの害虫であるハマキムシを食べるアリやクモは、普段はハマキムシ以外の虫を食べて生きています。その多くの虫たちの住処である草花を全面刈ってしまうと、いったん畑から虫がいなくなってしまいます。大切な虫たちのために、オリーブから遠い畑の端のほうを残すとか、半分ずつ分けて刈るなど、虫たちに畑に残ってもらえるようにしています。

多年草の根を切るために数年に一度耕起する

わが家の場合、基本的には不耕起栽培です。しかし、定期的な草刈りを続けると、芝類などの草丈が低い多年草が、他の雑草に勝って地面を覆う場合があります。何年もたつうちに、その根がスポンジ状に発達し、地上からの水分や養分がオリーブの根に届かなくなります。そのような状態になったら、数年に一度、管理機などで耕起し根を切ります。

太陽エネルギーが畑を豊かにする草生栽培

この草生栽培は、オリーブだけではなく、樹高が高く雑草による日照減の影響を受けにくい果樹栽培全般に適しているのではないかと思います。というのも、その畑の状態に最も適応した草花が畑を覆い、その草花を定期的に刈り、鋤き込むこともせず、そのまま敷いておくことで、徐々に虫や菌類によって分解された有機物が、軟らかく

コラム

密植栽培による草刈りの省力化

　オリーブの有機栽培で一番多くの時間がかかるのは草刈りです。つまり、草刈りができる広さが、オリーブを管理することができる最大の広さというのが現状です。ちなみに、うちは20に分かれた小さな畑を合わせて1haになる広さの畑に500本のオリーブを植えています。1年で最も草が生える梅雨頃でも管理できる広さの限界が現状では1haですが、今後は間伐も進めていくので、できれば畑を広げていきたいと考えています。そこで、畑を増やすためには草刈りの省力化が重要な課題になります。普通に考えれば乗用式草刈機の導入といった機械化やピーク時の草刈り外部委託、離れた畑の集約化などが考えられます。

オリーブの密度を上げることで
木陰を多く作る

　それとは別に、密植栽培による草刈りの省力化という方法もあります。もともとオリーブの密植栽培は、収穫や剪定を大型機械で行うために、海外の大農場などで行われている栽培方法です。移動式の洗車機のような収穫機でオリーブの実を収穫し、大型トラックに実が流れ込んでくる様子などは壮観です。

　しかし、ここでいう草刈り省力化のための密植栽培は機械化とは違います。オリーブを畑一面に植えることで、畑の隙間を極力なくしてしまうのが狙いです。オリーブの成長段階に関わらず、光が直接地面に届く隙間を減らすと日陰になる地面には下草が生えにくくなり草刈りの頻度を減らせます。木が大きくなれば、徐々に間引いて最終的には大きな木で地面を覆います。木の成長段階に合わせて常に畑をオリーブで覆う面積を広くしておこうというのが、うちで考えている日本版密植栽培です。

　草刈りの手間を減らせるというメリットがある代わりに、デメリットもあります。そもそも下草があまり生えないので土が肥えにくくなるため定期的な施肥は必要になります。それと畑の内側に植えた木は周辺に他の木があるため樹冠の頂上部しか光が当たらず、横向きの枝に実が付きやすいオリーブでは思うほど収穫量が上がりません。メリット、デメリット両方あって悩ましいですが、うちでは多数植えることでオリーブの新しい品種を複数試せるという別のメリットもあって、最近は、ほとんどこの密植栽培でオリーブを植えています（やり方は51ページ）。

ていい香りがする黒い土に変わっていきます。草生栽培の畑での人間の役割は、果樹と競合する雑木と根が強くなりすぎた多年草を取り除くことと、定期的な草刈りです。

貴重な有機物である草花は、土と太陽と空気と雨と生き物たちが育ててくれます。その草花も季節ごとに枯れ、新たな養分となって土に還り、また次の草花を育てます。そこでは、畑に降り注ぐ太陽というエネルギーを、空気と雨と土と生き物が媒介となって取り込み、増やしていく循環ができています。太陽のエネルギーが畑を豊かにしていく様子は、毎年、そこに咲く草花の変化にも現れます。ゆっくり増えていくエネルギーがオリーブを育て、その実を人間が分けてもらう草生栽培の果樹園には、いくらでも降り注ぐ太陽のエネルギーを食物に変える仕組みがあります。

7 施肥

土作りは草生栽培によりゆっくりと進めることが基本ですが、草生栽培だけでは不足するミネラル分の補完と、木の状態を見ながら必要に応じて、養分を施肥によって補っています。

定期的に土壌診断を行う

うちの畑では毎年1回、土壌診断を行いpH、EC、チッソ、リン酸など各養分量を測っています。オリーブの育ち方や収穫量、葉色や下草の勢いやサイズなど、土の状態が良好な場合は問題ありませんが、調子が崩れた場合には、どの養分が不足しているのかすぐにはわかりません。わからない場合は、土壌検査の数字を見て個別に有機肥料で養分を補完しています。

しかし実感として、苦土石灰といったミネラル分以外のチッソ、リン酸、カリなどが少なくても、これまでのところ木の樹勢や収穫量に違いがあまり出ません。それより水はけや土の軟らかさなど（物理性）のほうがオリーブには影響している印象が強いので、検査→個別の養分補給というやり方に代わる方法を模索している最中です。

年に一度苦土石灰をまく

オリーブは弱アルカリ性の土壌に適しており、カルシウム、マグネシウムを好みます。年に1度、土壌の診断の結果をもとにpH6・5〜7・5の範囲になるように、苦土石灰（カルシウム、マグネシウムを両方含む肥料）をまきます。また、葉先が黄色く枯れてくるときも、まずはミネラル不足を疑い、苦土石灰を施肥してみます。改善されない場合は、チッソ、リン酸、カリの三要素がバランスよく入った肥料を施肥し、それでもダメなら根腐れもしくは何らかの病気を疑います。鶏糞を施肥している場合には、鶏糞の中に15％前後のカルシウムが含まれていることがあります。その場合、pHは適正範囲内ですがマグネシウム（苦土）のみ不足することがありますので、不足するマグネシウム（目安は苦土石灰の1割）を施肥しています。

チッソ、リン酸、カリの三要素も補う

土壌診断ではEC、カリ、有効態リン酸の数値も確認しておきます。その数値が一般的な果樹園の適性値から大きく外れたり、他の畑と比べて数字が低くなっている畑などには、オリーブの樹勢や葉色をチェックした上で、発酵鶏糞、菜種油かす、米ぬかなどを表面に薄く広く散布します。木の栄養分が明らかに足りていないように見えて緊急性が高い場合は、比較的効きが早い鶏糞、次いで油かす、それほど急がない場合は米ぬかを与えています。チッソ、リン酸、カリなどの数字が明確な有機肥料（有機JAS で使用可能なもの）を購入して使用しても構いません。しかし、感覚としては化成肥料のような即効性は期待せず、土を肥やすためにまく落ち葉や腐葉土の代わりに米ぬかなどをまいて、

慣行栽培の場合の施肥量の目安

※香川県農業試験場小豆オリーブ研究所にて施肥量の目安が示されていますので参考にしてください（時期は香川県の場合）。
（出典：香川県農業試験場小豆オリーブ研究所　オリーブの栽培条件と管理）
https://www.pref.kagawa.lg.jp/content/etc/subsite/noshi_olive/saibai/index.shtml

・苦土石灰の成木への10a当たりの施肥量の目安
年1回（2月中旬）；未結実期（植え付け後1～3年）30kg
結実初期（同4～9年）45kg
成木（同10年以上）60kg

・チッソ・リン酸・カリの成木への10a当たりの施肥量の目安（成分量）
春肥（3月中旬）；チッソ8kg・リン酸5kg・カリ7kg
夏肥（6月下旬）；チッソ4kg・リン酸3kg・カリ4kg
秋肥（10月下旬）；チッソ4kg・リン酸3kg・カリ4kg
※未結実期（植え付け後1～3年）の施肥量は成木の1/3、結実初期（同4～9年）は2/3程度に減肥する。

半分以上は雑草のために使われ、少しだけオリーブに届かせるというイメージで使用しています。

8 剪定

オリーブのきれいな実を1粒でも多く安定的に収穫するために、オリーブ農家は剪定を行います。観賞用の樹木ではないので、見栄えは関係ありません。とにかく、質の高い実をたくさん生らせて、できるだけ効率的に収穫することが目的です。具体的には4つのことを意識して剪定しています。

実を多くつける開心自然形に仕立てる

オリーブに実を多くつけるために

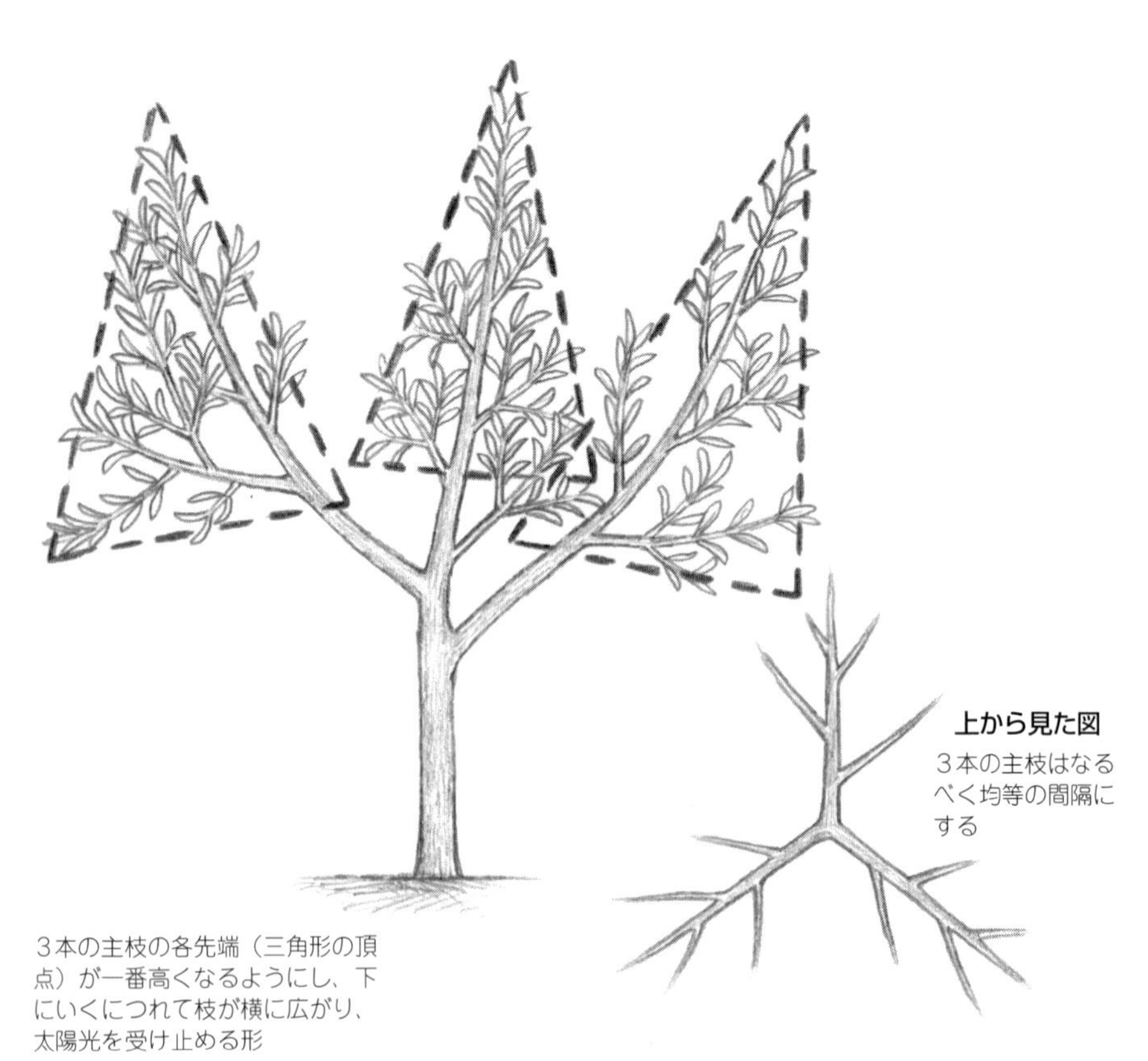

開心自然形

は、オリーブの枝葉に効率的に太陽の光が届くように樹形を整えます。理想的な樹形については、国や地域や個人によって、また品種や栽培方法などによってさまざまですが、僕が考える果樹収穫を目的にした樹形を1つ挙げるなら、1本立ちの主幹から主枝を2～3本ほど斜めに広げていく開心自然形です。

この樹形の作り方は、若木のうちは1本立ちのまっすぐな主幹を伸ばし基本的には自由に大きくします。樹高が3m近くになり実がつき始めたら、3本程度のバランスよく斜めに広がって伸びている枝を主枝として選びます。その3本以外の主幹から伸びている枝は、付け根から切り落とします。3本の主枝それぞれの先端3点が周辺の枝より高い位置になるように、競合する枝は全部低く抑えておきます。

基本的には一番高い位置にある主枝

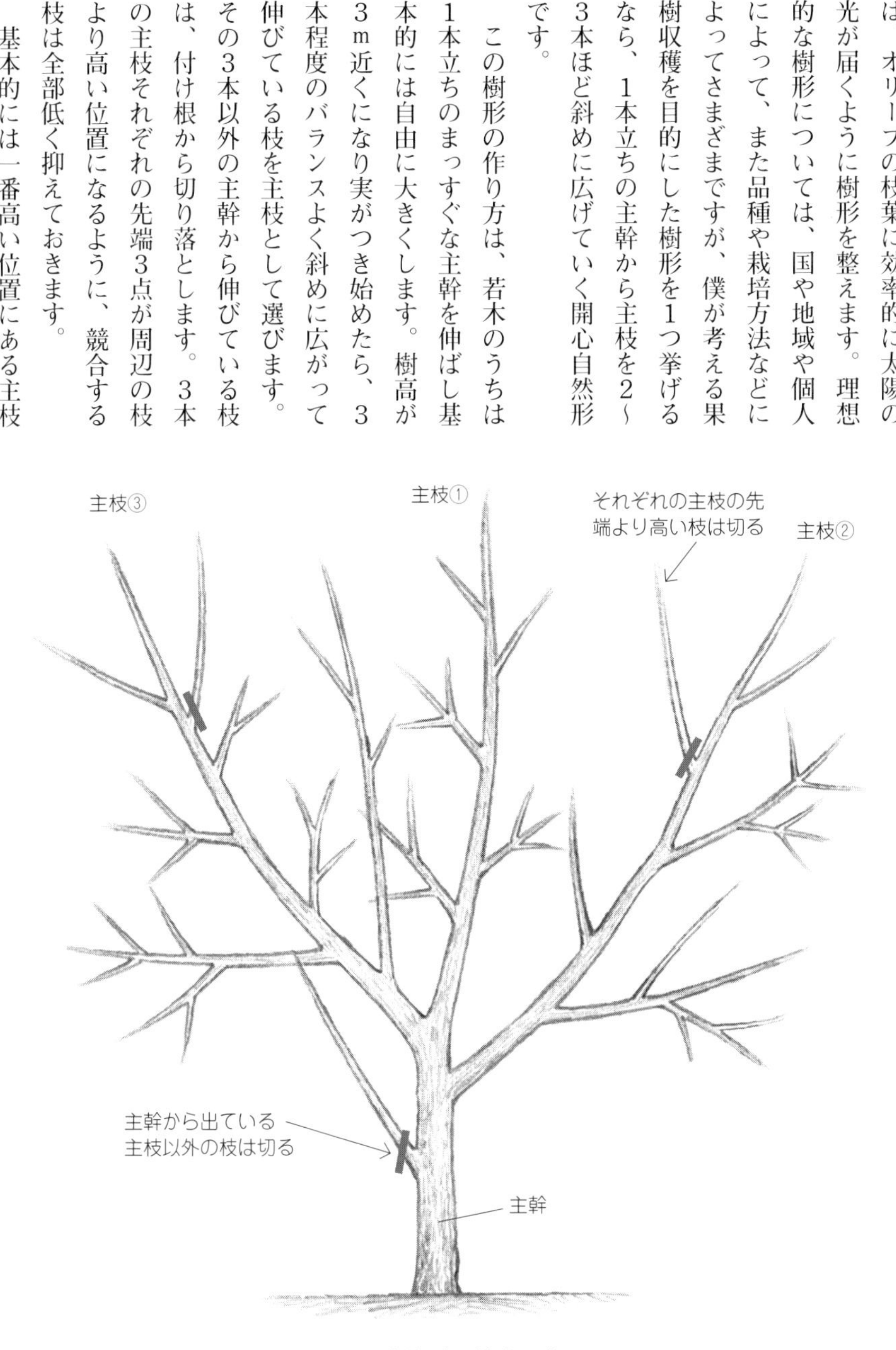

開心自然形の仕立て方

の先端から順に日が当たるので、低い位置にある主枝以外の枝が追い抜いていくことはありません。主枝を選んで他の枝を落とす作業は、幹が太くなっているので、剪定バサミではなくノコギリで伐採することが多いです。

病気から木と実を守る弱剪定

炭疽病や梢枯病（105ページ）の発生を抑えるために、3～5月にかけて、密集した枝を透かすように剪定し、枝葉と実の風通しをよくして光を入れます。いわゆる弱剪定と呼んでおり、剪定バサミで枝元から枝を切っていきます。枯れ枝や元気のない枝、同じ方向に平行に伸びている枝の片方、内側に伸びている枝、まっすぐ上に強く伸びている枝、真下に垂れている枝などを落とします（左ページの図）。

弱剪定前。枝が密集して風通しが悪くなっている

弱剪定後。すっきりして枝葉に光がよく入っている

似たような枝のどちらを残すか迷う場合は、わき芽が花芽か葉芽かわかるようになる5月頃に剪定すると迷いません（先端が丸い花芽が多くついた枝を残す）。実がつく枝は、前年、春から秋にかけて新しく伸びた枝です。せっかく去年伸びてきた枝先の部分を切ると、実の収穫ができません。

また、横向きから下向きに伸びている枝に多くの花芽がつくので、そう

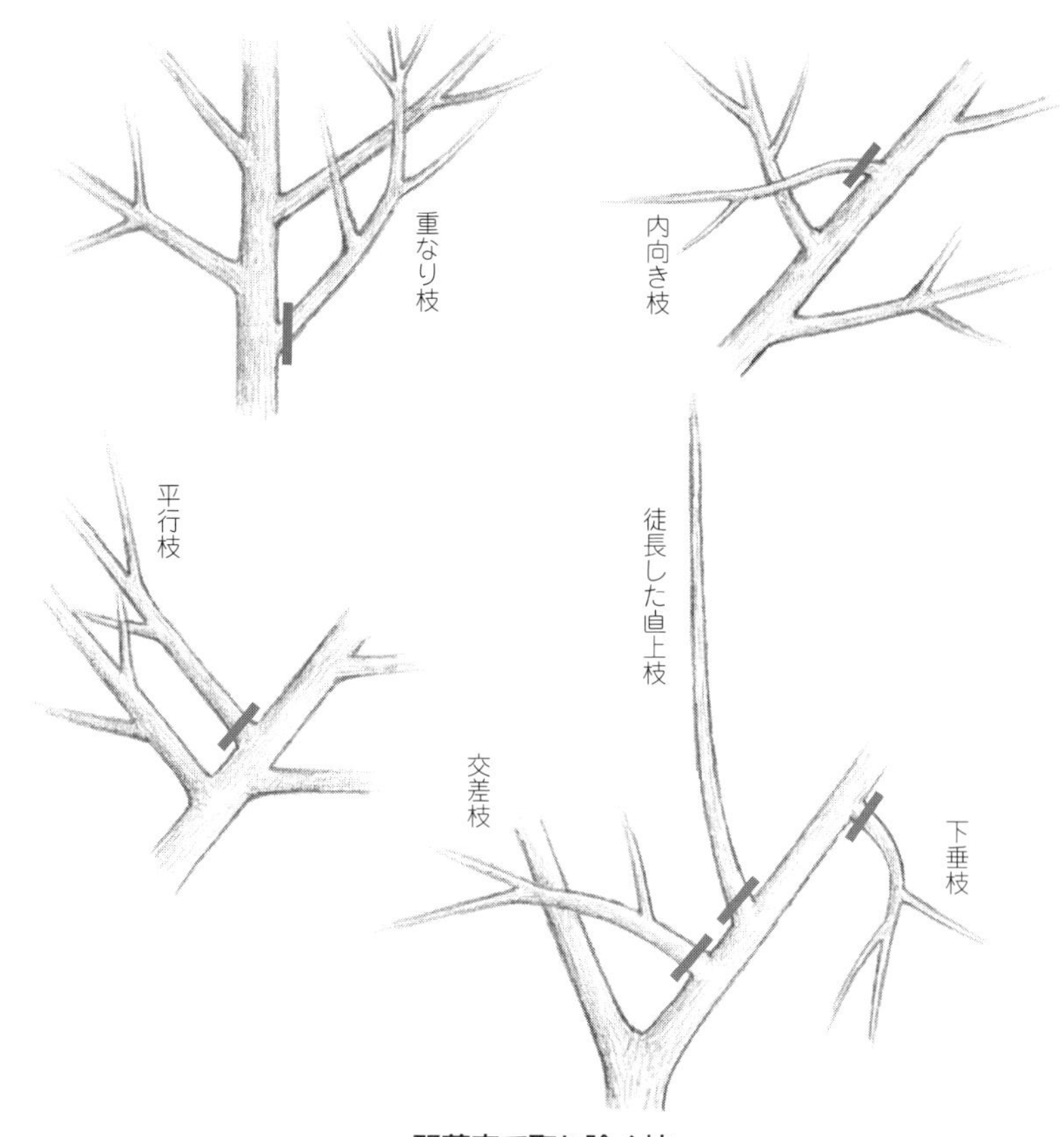

弱剪定で取り除く枝

いった枝はなるべく残します。品種によって違いがありますので、それぞれの癖を覚えるのも大切です。たとえば、ルッカは横向きや下向きの枝に実がつきますが、ミッションは縦枝にも比較的まんべんなく実がつく傾向がありま

横から下向きに伸びた枝につく花

す。

また、やや大きくなってきた木の場合は、2・7mの三脚に乗ったときにほとんどの枝に手が届くように、長く伸びた枝を短くする剪定もしています。

樹高を下げ 収穫しやすくする強剪定

オリーブは自由に枝葉を伸ばさせていると、どんどん樹高が高くなります。日本では手摘みで収穫することが多いため、高いところについた実は三脚に乗って摘むことになります。三脚に乗っての収穫は時間がかかり落下などの事故もあります。

植えてから8〜10年程たつと、新梢が出てくる枝の位置がどんどん高くなり、多くの実を三脚に乗って収穫しなければなりません。そこで、樹高が高くなりすぎて収穫に時間がかかるようなった木は、樹高を大幅に切り戻す強剪定を行うようにしています。

3月頃、樹高2m程度で自然な開心自然形になるよう、全体的に切り戻します。この切り戻しをすると、木は枝葉を増やすことにエネルギーを使うため、2年ほどは実が生らなくなります。収穫量が多かった表年の翌年、裏年にあたる春に強剪定をすることが多いです。

ゾウムシから 木を守る剪定

オリーブアナアキゾウムシから木を守るためには2つのポイントがあります。1つめは実を多くつけるための剪定でも書いた、1本立ちのまっすぐな主幹になるようにします。ゾウムシは根元や枝の分岐箇所に産卵をする習性があるため、地際から複数の主幹に分かれていると、ゾウムシの幼虫がオガクズ状の糞を排出しても分岐部分の内側は見えにくいため発見が遅れます。

同じ理由で、根元から出るひこばえもマメに切ります。また、糞の発見が遅れないように、根元から少なくとも30cmくらいは、下に垂れてくる枝で隠れることのないようにしています。

このように垂れ枝が地際まで覆っているとゾウムシの発見が遅れる

コラム　剪定こそ栽培技術の結晶

剪定指導のようす

イタリアのオリーブ栽培の先生が、うちの畑の見学に来たときのこと。オリーブの樹形を見て、「立派なオレンジの木がたくさん並んでいるな」みたいなことを言われました。先生が笑ったので、僕のオリーブがオレンジのように剪定されているというジョークを言ったのだということに気付きました。

先生曰く、たとえば、「斜め下に伸びている枝が剪定されてなくなっているけど、そういう枝こそ実がつくのに、実を収穫したくないのか」。

僕は、小豆島の農家の先輩に下向きの枝を切るようにアドバイスされて、そのようにしていたのですが、どうも下向きの枝ではなく、真下に垂れている枝は切るようにアドバイスされていたのに勘違いして、少しでも下向きの枝は全部切っていたのです。

これは、単なる勘違いによる笑い話ですが、剪定に関しては農家一人一人に、それぞれ独自のこだわりがあります。どうしてそんな切り方をしているのか不思議な樹形に見えても、本人には何らかの理由があることが多いので、じつは農家どうしの剪定の話は気をつかいます。

確かに、オリーブは品種によっても気象環境によっても育ち方が変わり、それに合わせた剪定方法があるのですが、まだまだ日本のオリーブの剪定技術は、りんごや柑橘類のようなレベルには達していないのではないかと思います。

そう言っている僕も、理想の樹形うんぬん言っていますが、実際は高くなりすぎた枝をばっさり切るくらいで、理想の樹形からはほど遠く、気ままに混みあった、枝がボサボサのオリーブが放置されています。そもそも技術うんぬんの前に、毎年キチンと計画的に剪定、整姿することから始めないといけないと反省するのですが、なかなか実行できていないのが実情です。

9 収穫

目的ごとに最適な時期を見極める

オリーブ農家にとって収穫は何よりの喜びです。1年かけて、草を刈り、虫を捕り、肥料をやり、雨を待ち、剪定をして、そのお返しとしてオリーブからの恵みをもらえるのが収穫です。また、1年分の収入を得るのも2カ月ほどの収穫にかかっています。ただし、喜んでばかりはいられません。10月に入り、木々が色づくようにオリーブの実も日に日に色づいてきます。濃い緑色だった実が黄色がかり、紅が差し、真っ黒に輝くように熟してきます。オリーブの実は、この熟度によって風味、成分、油分が変わっていきます。塩漬けを作るにしても、コクがあって爽やかな香りとシャキッとした歯ごたえを楽しめるタイミングは、数週間に限られます。出来上がるオリーブオイルの風味も刻々と変わっていきます。一生懸命育てたオリーブの実を損なうことなく最適なタイミングで収穫することで、美味しい塩漬けやオリーブオイル作ることができるのです。

若い実は香りと辛みが強く、熟した実は搾油率が高い

小豆島でのオリーブの収穫は、おおむね10月、11月の2カ月ほどです。農家によって加工品や品種などが違う

品種や畑によって色づく時期が変わるオリーブの実

家族全員でオリーブを収穫する

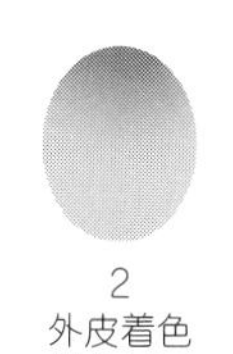
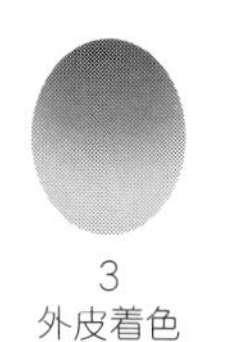

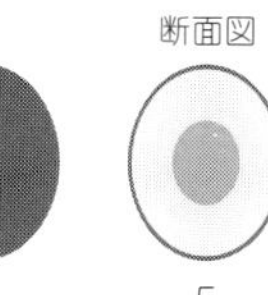
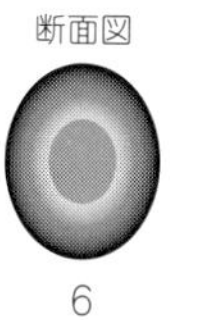

カラースケール

※口絵7ページにカラーの図を掲載

ので、タイミングはそれぞれですが、うちではおおむね以下のようなスケジュールで収穫しています。ただし、その年によって気温の下がり方が前後するため、スケジュールはあくまでも目安で、実際は実の熟度を毎日見ながら、畑ごと、木ごとに収穫タイミングを判断することになります。

10月初旬～
　マンザニロの塩漬け用の収穫と超早摘みのオイル用の収穫
10月中旬～
　早摘みのオイル用の収穫
10月下旬～
　ミッションの塩漬け用の収穫とオイル用の収穫
11月中旬～
　熟したオイル用の収穫とブラックオリーブの収穫

加工品×品種によって最適な熟度があります。その熟度の指標は一般的に8段階の実のカラースケールで判断しています。

・緑果の塩漬け用にはカラースケール1～2のものを使っています。グリーンの色をきれいに出すには着色前のカラー1のみを使います。
・いわゆる緑果搾りといわれる早摘みのオイルで使われる実は0～2。このあたりの熟度は、香りや辛みが強く、ポリフェノール分を非常に多く含みます。しかし、油分率が低いので、同じ量の実を搾ってもオイルは少ししか採れません。
・3～5が混ざると、油分率が上がるので、搾油率が上がって、オイルにも柔らかさが出てきます。3～5あたりはバランスがよいオイルになります。
・6、7のいわゆるブラックオリーブ

のオイルは、香りは弱く、辛みやポリフェノールの量も少ないですが油分が多いので搾油率がよく、少しの実でたくさんのオイルが採れます。しかし、オイルとしては品種にもよりますが、ぼんやりした風味になってしまう印象があります。

・7の完熟ブラックオリーブは辛みが減っているので調理しやすく、うちではシロップ漬けなどを黒い実で作ります。

早く摘むほど炭疽病と隔年結果は防げるが……

10～11月の収穫期間のうちオリーブオイル用の実の収穫の山場をどこに持っていくかが重要になり、それを決めるときに考慮していることがあります。第4章で触れる、オイルの質を取るか量を取るかという問題以外に、炭疽病と隔年結果への対策があります。

炭疽病は、実が熟すにしたがってその被害が拡大します。つまり、実が熟す前に収穫してしまえば、炭疽病の影響は低く抑えることができますが油分率は低いのでオイルは少ししか採れません。また、オリーブの実を早めに摘むと、木が休めるので翌年もある程度の収穫を見込めます。こういった理由もあって収穫時期が年々、前倒しになる傾向が続いています。

しかし、カラースケールのナンバーが小さい緑色の実からは、たくさんのオイルは搾れません。オイルの量は、売上に直結します。早い時期に収穫すると病気の影響を抑えることができ、隔年結果を緩やかにすることもできますが、搾油率が下がりオイルの製造量が減り売上は減るので、10～11月のどのくらいの時期に収穫の山場を持ってくるかは、難しい判断になります。

収穫に必要な道具

収穫3点セット

日本では一般的に、手摘みでオリーブの収穫が行われています。必要な道具は、摘んだオリーブを入れるエプロン状の収穫袋、高いところの実を摘むための三脚、実を集めるコンテナの3つです（詳しくは166ページ）。最近は、木の下にネットを敷き、熊手のような器具で摘んだ実を落として一気に集めているところもあります。

収穫のポイント

①手摘みのコツ

手摘みの方法は2つあります。実を選別しながら採りたい実だけを1粒ずつ収穫する方法と、木に生っているすべての実を収穫してから選果する方法

コンテナ

収穫袋

熊手型の収穫器

三脚

収穫の風景

です。傷が付いていないきれいな実だけを1粒ずつ選んで摘むのは、塩漬け用の実や販売用の生の実を収穫するときだけで、通常は後者の方法で一気に収穫します。

通常の収穫は、できる限り複数の実の塊を手のひらで包み込み枝から引き

ヘタを中心に下向きに引くとプツンと採れる

離します。コツは枝を付け根から外側の方向に引くか、枝元を片手で固定してから引き落とします。実がついているオリーブの枝は柔らかいので、引っ張ることができます。片手で胸元から下の位置に枝を引っ張りながら摘むと疲れにくいです。ポイントは両手を使うこと。実を傷つけないように、引っ張る枝や葉は乱暴に扱わないことは大切ですが、速くたくさん摘むのも大切です。摘んだ実は、いったん収穫袋に入れます。うちでは市販の山菜採りの袋を使っています。

実の塊を手のひらで包み込むようにして枝から実を外していく

②三脚は安全と効率を考えて置く

樹高が高い木は三脚に乗って収穫します。少し離れた位置から木全体を俯瞰し、どのあたりにどれくらいの実がついているのかを見極め、広範囲の実が一度に採れる位置に三脚を置くと、収穫効率は上がります。

また、三脚は斜めに立てたり、横方向に引っ張る動きをすると、倒れる危険があります。3m近い高さから落ちると大きなケガにつながります。左ページ図のように三脚の2点の足が同じ高さになるように置いて安定させ、慎重に、緊張感を持って三脚に乗ります。

摘んだ実はコンテナに移します。コンテナは市販のもので、洗える素材で、風通しのよいものであれば何でも構いません。うちで使っている一般的なコンテナは、持ち手の穴の下までいっぱいに実を入れると、20kgほどになります。コンテナは、畑でも搾油所でも、風通しがよくて直射日光が当たらない場所に置いておきます。

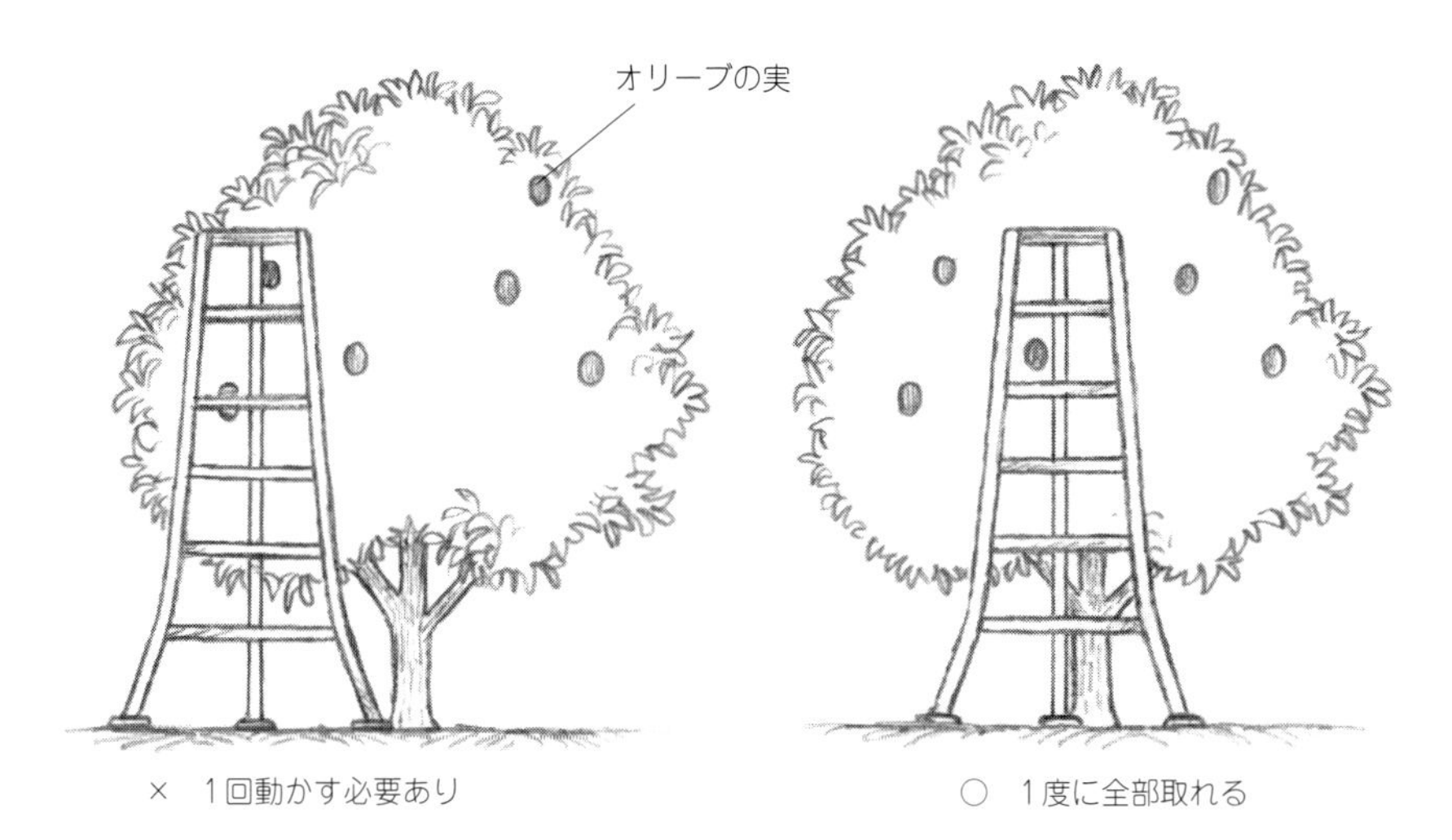

効率のよい三脚の置き方

左のように三脚を置くと、すべて採るのに三脚を１回下りて動かさないといけないが、
右の置き方なら三脚を動かさずに全部取れる。
小さな差だが、トータルの作業時間は大きく変わる

斜面での三脚の置き方

三脚に乗っているときは、左右に大きく体を乗り出したり、
左右に力が加わる動きは、倒れる危険があるので注意する

塩漬け用の実を選ぶ選果。左の写真では塩漬け用の実を選ぶために、3つに分けている
・炭疽病や大きな傷がある実（バケツに捨てる）→破棄
・きれいな黄緑色の実（右端のもの）→塩漬け用
・傷が小さい実もしくは色が濃い緑色か赤味がかっている実→オイル用

選果は収穫と同じ時間がかかることも

選果は、使用目的に合わせて実を分けていく作業です。どこまで細かく分けるかは使用目的によります。

たとえば、塩漬け用のきれいな実は、熟度ごとに分けます。オイル用は炭疽病や大きな傷（虫食い）がある実を取り除きます。選果は畑でやる場合と作業所でやる場合があります。畑での選果は基本的には炭疽病などがほとんどない場合の簡単でスピーディーな選果向きです。落ち着いて、きちんとした細かい精度が求められる選果は作業所でやります。

ポイントは選果台の上を転がすようにして全面をチェックすること、落としたりぶつけたりして傷を付けないことです。そして早く正確に。ちなみにこのレベルの選果は収穫と同じ時間がかかります。

最後に、摘みきれなかった実は、できるだけ早く摘むか落としてしまいます。実を摘まずに木にそのまま残しておくと、木の回復が遅れ翌年の収穫に悪影響が出ます。

畑での簡易な選果作業。ここでは炭疽病の実だけを取り除いている

第3章

オリーブの病害虫対策

1 最大の害虫「オリーブアナアキゾウムシ」の防ぎ方

オリーブアナアキゾウムシの生態

小豆島でオリーブの栽培が始まると、それまで山林のモクセイ科の木に寄生していたオリーブアナアキゾウムシがオリーブ畑で増殖し、これまでたくさんのオリーブを枯らしてきたようです。日本と台湾で生息が確認されており、成虫は1・5cm前後、昼間はオリーブの幹の隙間や枝先に潜み、夜になると活発に活動します。活動期は春から秋。冬は休眠し、数年の寿命があります。おもな移動手段は歩行ですが、夜には飛翔することもあります。基本的に暗くて湿気が多いところを好みます。

成虫は、新芽や樹皮を食べますがオリーブにダメージを与えるほどではありません。問題は成虫が産み付ける卵から孵化した幼虫で、樹皮のすぐ内側の軟らかい部分を食べて大きくなります。大量の幼虫が1本のオリーブを集中的に食害することで、木が水分や養分を地上部に上げることができなくなり、場合によっては1～2年で木が枯れてしまいます。

オリーブアナアキゾウムシは、孵化から成虫になるまでの期間が3週間～1カ月ほどと短いこと、1匹のメスが1年で50個を超える卵を産むこと、成虫は天敵が少ないことなどから、オリーブ畑でネズミ算式に増殖します。しかも1本の木に集中的に卵を産み付けるので、日本ではオリーブアナアキゾウムシはオリーブの最大の害虫とされています。

枯れかけた木の根元の樹皮をめくると、根元全体が食害されていた

オリーブアナアキゾウムシの一生

①交尾

交尾が始まると数時間から数日は交

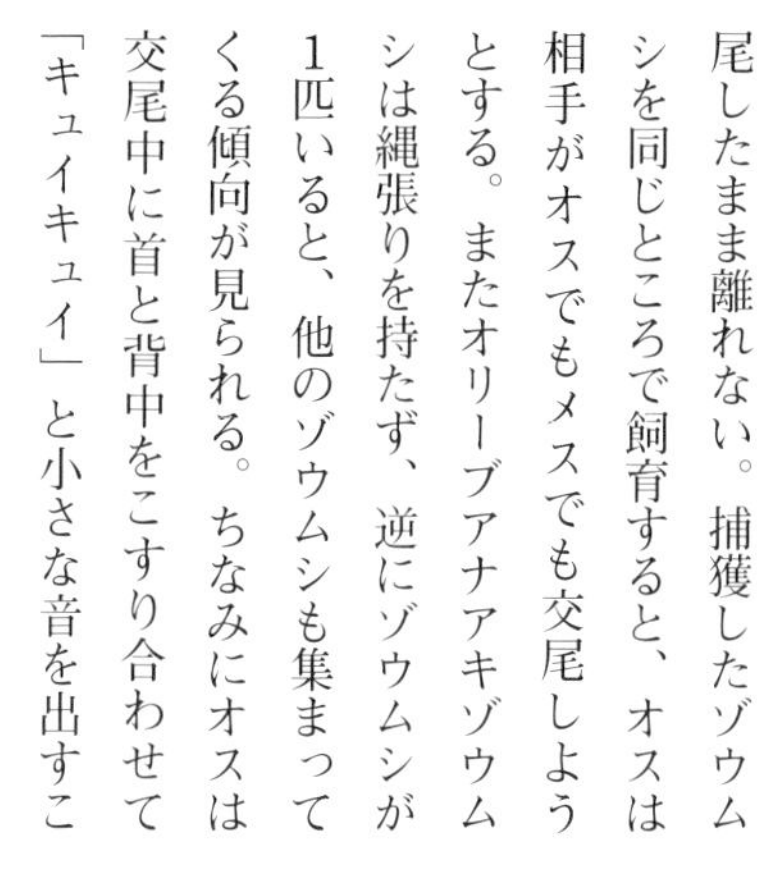

尾したまま離れない。捕獲したゾウムシを同じところで飼育すると、オスは相手がオスでもメスでも交尾しようとする。またオリーブアナアキゾウムシは縄張りを持たず、逆にゾウムシが1匹いると、他のゾウムシも集まってくる傾向が見られる。ちなみにオスは交尾中に首と背中をこすり合わせて「キュイキュイ」と小さな音を出すことも。

産卵のための穴を口吻で穿っているメスのゾウムシ

②産卵

メスは、ゾウムシ特有の口吻を繰り返し木に押し付けることで徐々に卵を産み付ける穴を穿っていき、1㎜くらいの穴が空いたらお尻にある産卵管を穴に差し入れ卵を産み付ける。この卵を産み付ける場所は木の地際が最も多い。根元が雑草などの陰になって暗くなっていると、地際より上部に産み付けることもある。また地際以外には、枝が分岐する部分や、支柱と木が交差する部分などにも産み付けることがある。産卵の時間帯は夜から朝であることが多い。オリーブアナアキゾウムシの卵は1㎜くらいで、ほんのり黄なりの白で楕円型。メスは同じ木で卵を数日に1個ずつバラバラと産んでいく。

ゾウムシの卵（拡大写真）

③幼虫～蛹

見た目は典型的な甲虫類の幼虫という感じで、白色のイモムシ状で頭だけが赤褐色。オリーブの樹皮の内側にある軟らかいところを食べて徐々に大きくなっていく。卵から生まれたばかりは1㎜くらい。蛹になると成虫と同じサイズになり1・5㎝前後。姿も成虫と同じで口吻や足の形がわかり透明感のある白色が美しい。オリーブの栄養状態、気温などによって変わるようだが、孵化から1カ月くらいで成虫と

オリーブアナアキゾウムシの蛹

オリーブアナアキゾウムシの幼虫

なって木から出てくる。

④成虫

・サイズは1～2cm

体長はこれまで捕獲したものは最小で1cm、最大2cmで、平均は1・5cmくらい。ゾウムシのサイズは幼虫時代に決まるようで、枯れかけの栄養状態が悪い木からは小さいゾウムシが生まれてくる。ちなみに、小さいゾウムシが畑にやってくると、どこか近くのオリーブが枯れた可能性があり、他所からの侵入が増えることがある。

・目立たない容姿

ゾウの鼻のような口吻が特徴の典型的なゾウムシの形。体表はゴツゴツしていて、とても小さな毛が生えており、光沢はない。模様は、こげ茶とベージュの斑模様で個体によってすべて模様が違い、オリーブの傷ついた樹皮や、地面に落ちた種、鳥の

オリーブアナアキゾウムシの形

左の小さい成虫が体長12mm。右は平均的な大きさで17mm

糞などと見分けがつきにくい。全体が黒っぽいもの、羽化したばかりの赤い個体も稀に存在する。

・能力――あまり移動しない

オリーブアナアキゾウムシは、あまり動き回らず1本の木で生活している。他の木に移動するときは、ほとんどの場合は歩行で移動する。夜間には飛翔することがあり、比較的遠くまで飛んでいく。水は苦手で泳げず、雨で樹皮が濡れている時は産卵などの活動が減少する。土を掘って潜ることはしない。冬は冬眠し、気温が15℃を超えると活動が始まる。25℃を超えると最も活動的になり、実験では40℃で活動が止まり50℃で死んでしまう。

・成虫は新芽・新梢が好物

飼育箱にオリーブのいろいろな部分を入れて好みを探ると、渋みが強くて硬いオリーブの葉は、ほとんど食べない。最も好んで食べるのは黄緑色の軟らかい新芽もしくは新梢の樹皮。新芽、新梢がない場合は、比較的若い幹の樹皮を食べて、それもなければ、オリーブの実を食べる。オ

ゾウムシが好むオリーブの部位実験
左から硬い葉、新梢の樹皮、実（上）、軟らかい葉、新芽

実験結果。新芽をよく食べ、硬い葉はまったく食べなかった

ゾウムシによる新梢の食害痕（矢印）

リーブの葉は食べるものがまったくない場合に食べることもある。実際のオリーブ畑では、オリーブアナアキゾウムシが新梢を食害した痕を見ることがあり、特徴的な食害痕と小さく黒い糞でそれとわかる。

幼虫はマイナスドライバーで掻き出す

うちで実践している、農薬を使わない防除方法を2つ紹介します。1つはゾウムシの幼虫をコツコツ掻き出す方法、もう1つは生態を利用して成虫を捕獲する方法です。

幼虫の捕獲は、定期的に畑を見回り、粘り強く行えば誰でもできます。成虫を捕獲する方法にはコツがあり10 0%捕まえることは難しいですが、卵をたくさん産むメスを捕獲することは効率的です。幼虫と成虫の捕獲、どちらか1つではなく両方を総合的に行うことで、これまでの10年間、オリーブをゾウムシに1本も枯らされていません。

基本的には、オリーブの根元に出てくるゾウムシの幼虫が食害したオガクズ状の糞を目印に幼虫を見つけます。幼虫の8割近くは根元の地際から高さ30cm以内のところで見つかるので、定期的にオリーブの根元を見て回り、糞を見つけたらマイナスドライバーで掻き出します。

幼虫が食害を始めても糞がすぐに出てこないこともありますが、成長するにしたがって、また何匹もの食害が進むとどこかで必ず糞が出てきます。そのサインを見逃さず増殖のサイクルを断ち切れば、少々オリーブが傷つくこ

ゾウムシの幼虫のオガクズ状の糞

マイナスドライバーで幼虫を掻き出す。
先端が2～3mm幅のものが使いやすい

オリーブアナアキゾウムシの幼虫の食害による樹皮の黒い染み

とはあっても、枯れるほどのダメージは受けません。農薬を使っている畑でも、完全に防ぎきれない場合があるので、オガクズ状の糞を目印にした定期的な幼虫の捕獲は効果的です。

ゾウムシの幼虫をマイナスドライバーで捕獲するコツは、まずオガクズが出ている一番上あたりに、オガクズが出ている小さな穴を見つけるか、穴が見つからない場合は、いそうな場所にドライバーを差し込み小さな穴をいくつか空けてみます。茶色に変色したオガクズが見つかったら幼虫が木を食い進んでいった方向に穴を広げていき穴の一番奥にいる幼虫を掻き出します。見つからない場合もありますが、その場合は後日、また新しい糞が出てきますので再チャレンジします。

1匹いれば他に何匹も幼虫がいることが多く、オガクズが出ていなくても黒い染みが出ているような場所には樹皮の下に幼虫がいます。また、根元だけではなく、木の又や支柱の結び目なども丁寧にチェックしておきます。

一通り探し終わったら、2つすることがあります。1つめは、根元のオガクズ状の糞をきれいに掃除します。丁寧に掻き出したつもりでも、すべての幼虫を掻き出せたとは限りません。オガクズを残したままにしておくと、新しいオガクズが出ても気付きにくくなります。

そしてもう1つ、成虫が同じ木もしくは近くの木にいるかもしれないので、丁寧に探します。幼虫がいるということは1カ月くらい前には成虫がその木にいたということです。ゾウムシは案外、移動せず何カ月も同じ木で産卵を繰り返す性質があります。その木もしくはその木の周辺にいる可能性があります。

成虫のいそうな場所を重点的に探す

ゾウムシの成虫を広いオリーブ畑の中から探し出すのは簡単ではありません。うちの畑では1日に1匹ペースで1年間に約200匹の成虫を捕獲しています。500本のオリーブが植わっている畑で1匹を毎日探すにはコツがあります。すべての木をまんべんなく均等に探していたら、いくら時間があっても足りません。成虫がいそうなところを重点的に探します。

①幼虫がいた木と周辺を探す

ゾウムシの成虫がいそうな場所を絞り込むには、2つのアプローチがあります。1つめは、オガクズ状の糞を目印に見つけた幼虫がいた木もしくはその木に隣接する木にいる可能性があります。ゾウムシは移動せず集まってくる習性があるので、もし、ゾウムシの幼虫が見つかったら、ついでに、その木と周辺の木にいるかもしれない成虫を徹底的に探します。ゾウムシの成虫がいそうなポイントは、人間の目から見えにくいところです。パッと目につくところにはいませんので、陰になっているようなところや次のような隙間を重点的に探します。

・根元の地際
・木の又や支柱の結び目などの陰
・木の洞や樹皮が荒れて隠れやすくなっているところ
・根元近くの横向きの枝の下側

②朝晩のメスの産卵時に探す

もう1つのアプローチは、成虫のメスの生態を利用した方法です。メスは数日おきに夜から朝にかけて木の根元付近に下りてきて産卵します。産卵

産卵のために根元に下りてきたメスの成虫

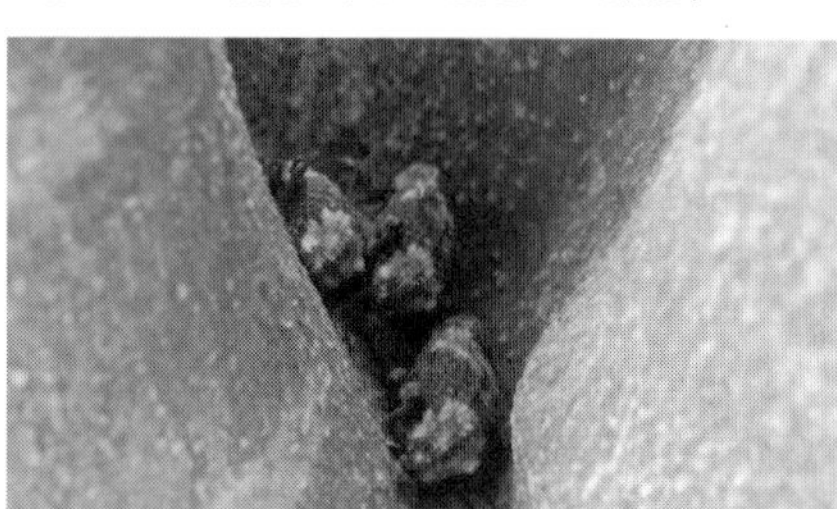

木の又に隠れた成虫

荒れた樹皮の隙間に隠れる成虫

横向きの枝に鼻を下にしてぶら下がる成虫

する場所は木の根元の地際が一番多く、産卵中は無防備に姿を現します。また、メスを追ってオスも根元付近に下りてくることがあります。根元に日差しが届く時間帯はあまり現れないので、日の出前の早朝など日中以外の時間帯を中心に見回ることで効率的に捕獲しています。

ゾウムシがいそうな場所は、先述した幼虫がいた木と周辺の木、そして、毎年多くの成虫が現れることが多い山際、理由はわからないが突然ある日から成虫が多く現れているところなど。優先順位を付けて畑を回ります。ゾウムシがいる可能性が高い畑は毎日、あまり可能性がない畑は、数日に一度などメリハリをつけています。また、一度ゾウムシの成虫が来た木にはなぜか、また別のゾウムシがやってくることがあるので注意して見回るようにします。

もう1つ。ゾウムシの好物は新梢です。新梢が多く出ている木にやってくる傾向があります。つまり枯れかけているような木や、小さくて新梢の量が少ない苗木には、あまりいません。

ゾウムシを捕まえるために根元をきれいにする

①根元の雑草や落ち葉を除く

幼虫と成虫を見つけるためには環境整備が大切になります。ゾウムシは成虫も幼虫も根元から30cm程度の場所で捕獲することが多いので、この場所は常に何もなく見えやすい状態にしておく必要があります。具体的には、オリーブの横を歩きながら根元30cmまでの主幹を見るのに邪魔になる下草は常に抜いておき、地面に何もない状態に

木の洞。ここがゾウムシの隠れ家になる

洞に真砂土を詰めて隠れ処をなくす

します。またオリーブの下に垂れる枝が根元にかからないように剪定しておきます。その他、落ち葉やオリーブの種なども定期的に清掃します。

②隠れ処をつぶす

オリーブは樹齢が古くなると、徐々に根元近くの樹皮にひび割れやこぶ、洞などができ、そういった場所がゾウムシの格好の隠れ処となります。傷ついて剥がれかけた樹皮などの傷はきれいに削ります。ゾウムシが隠れやすい木の洞などは、清潔な真砂土などで埋めてしまいます（ゾウムシは土の中には潜らないので）。また、台風の後などに根元にできる隙間は格好の隠れ処になるので必ず埋めるようにします。

記録をつけてゾウムシの動きを予測する

毎日、ゾウムシの幼虫と成虫を捕獲した記録をつけています。日付、捕獲した木、成虫、幼虫の数、最低気温、最高気温、湿度、降水量、風向き、風力の10年分の記録は大切な宝です。データの数が少ないときにはわからなかったことが、年数を重ねると見えてきます。毎年、1週間ほどゾウムシが大量発生するピークがありますが、どの畑のどのあたりの木で、いつからピークが始まるか、最近は、ほぼ予測できます。

オリーブアナアキゾウムシで使用できる農薬

慣行栽培で使用できる農薬を参考までに紹介します。登録情報は変更になることがあるので、最新情報をチェックしてください。
※以下は果実収穫の場合。葉を収穫する際は登録が異なります

農薬名	希釈倍数、使用量	使用時期	使用回数	使用方法
アディオン水和剤	2000倍 200～700ℓ/10a	収穫7日前まで	2回以内	散布
ガーデンアシストVスプレー	原液	収穫前日まで	2回以内	散布
スミチオン乳剤	50倍 0.3～3ℓ/樹	収穫21日前まで	3回以内	樹幹散布
ダントツ水溶剤	2000～4000倍 200～700ℓ/10a	収穫前日まで	2回以内	散布
バイオセーフ	2500万頭（約10g）50ℓ	幼虫発生期	—	樹幹部に薬液が滴るまで散布
ベニカベジフルスプレー	原液	収穫前日まで	2回以内	散布
ベニカ水溶剤	2000～4000倍 200～700mℓ/m^2	収穫前日まで	2回以内	散布
家庭園芸用スミチオン乳剤	50倍 0.3～3ℓ/樹	収穫21日前まで	3回以内	樹幹散布

出典：ルーラル電子図書館（2020年4月現在の情報）

コラム　ゾウムシ飼育のススメ

農薬を使わずにオリーブアナアキゾウムシからオリーブを守る方法を考えるために最初にやったことは、過去の同様の取り組みを探すことでした。1950年代の後半に2つほどオリーブアナアキゾウムシに関する論文が発表されていたので国会図書館まで閲覧に行ったことを覚えています。しかし、そこには簡単なゾウムシの生態と、ゾウムシの誘殺帯などのいくつかのアイデア、成虫には殺虫剤、幼虫は捕殺といった現在の慣行農業に引き継がれていく防除方法が記されているだけでした。

そこでオリーブアナアキゾウムシを飼うことにしました。といっても、植えたばかりの苗木にはゾウムシはやってきません。待っていても仕方がないので、小豆島のいろいろなところを回ってゾウムシを探しました。最初の3年くらいは、とにかく島を回り、毎年100匹ほどのゾウムシを捕まえてきては飼って、観察し、多くの実験をしました。

好きな食べ物、好きな色・嫌いな色、好きな匂い・嫌いな匂い、音への反応、電気への感度、さまざまな物質への反応、論文にあった誘殺帯の実験や応用、歩行速度、飛翔距離、水への耐性、温度への感度などなど、その実験は今でも続いています。

飼育箱でやった実験のほとんどは実際に畑では使えないことばかりです。でも全部が無駄になったわけではありません。たとえば、泳げず水が嫌いなこと

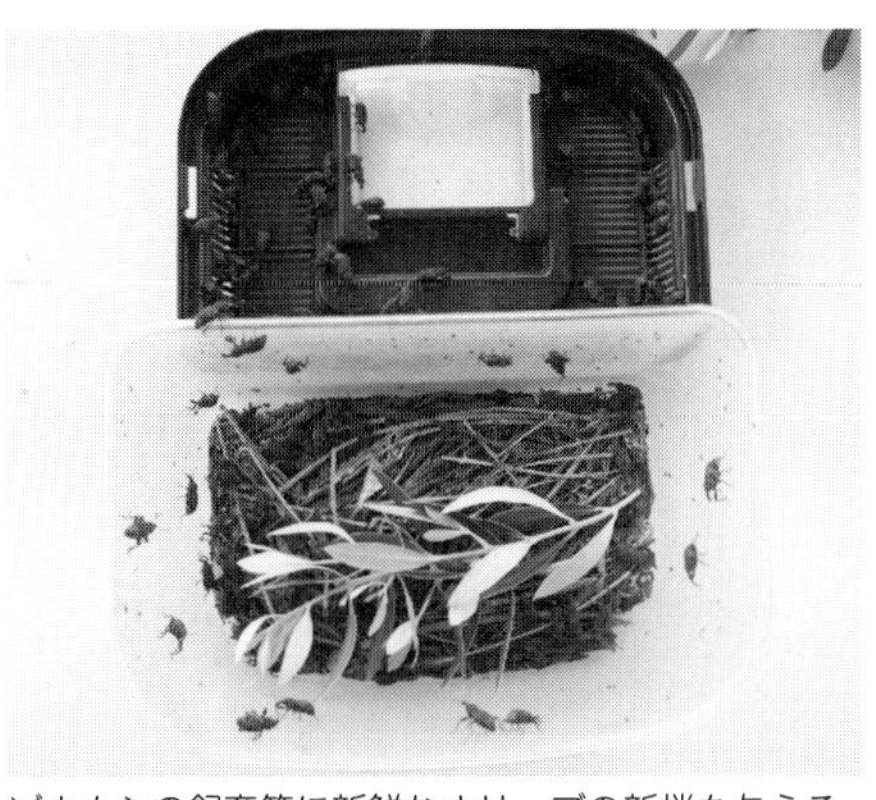
ゾウムシの飼育箱に新鮮なオリーブの新梢を与える

ゾウムシは集合フェロモン物質を出して集まる習性があるという仮説を立てて、集合フェロモンは何から出ているかを特定する実験を行った。上の段は、左から「成虫の糞」「成虫の死骸」「幼虫の糞」「生きた成虫」を入れ、下の段は、左から「成虫の死骸」「生きた成虫」「成虫の糞」「幼虫の糞」を入れた。糞にフェロモンが含まれているという仮説を立てたが、結果はどの試験区も有意な差は見られなかった

がわかったので、樹皮が雨で濡れている日、メスは産卵に降りてこないことに気付きました。また、土に潜らないことがわかったので、洞に土を入れる方法を思いつきました。最初の年は冬眠することすら知らなかったので、冬の間もずっと見回りをしていたのですが、飼育箱のゾウムシが動かないのを見て、冬の見回りは必要がないことに気付きました。

今でも100匹近いゾウムシを枕元に近い窓の下に飼っています。夜、飼育箱から羽音が聞こえ、ゾウムシが飼育箱の中を走り回っては落下していく雨だれのような音を聞くと、明日はいつもより、少し早めに家を出るかと気合いが入ります。10年一緒に暮らしても、まだまだわからないことも多いゾウムシですが、オリーブ好きでオリーブに食わせてもらっている者どうし、いつしか一緒に戦ってきた同志のような気持ちが湧いてくるから不思議です。

ゾウムシは、普通のプラスチックの虫かごで飼います。できるだけ毎日、摘みたての新梢を餌として与えます。樹皮も好きなので、枝葉を分けずにそのまま入れます。乾燥と高温は苦手なので、日陰で湿気が多いところに飼育箱を置いてやり、ときおり霧吹きで湿気を与えます。昆虫用のオガクズなどを敷いてやると湿度が維持できるので長生きしますが、活発な動きをするときに、上蓋から底に落ちるコツコツという音が聞こえなくなるので、うちでは何も敷いていません。ゾウムシは集団を形成する習性があるので、飼育箱にたくさん入れても問題ありません。新梢を毎日与えてやれない場合は一時的に昆虫ゼリーでも代用できます。

コラム　ゾウムシの天敵を探す

同志のようなゾウムシですが、オリーブを枯らす害虫であることは間違いありません。虫である以上、天敵くらいはいるはず。

そこで、昆虫を捕食し食物連鎖の比較的上位にいるカマキリ、スズメバチ、アリ、クモなどの昆虫をゾウムシの飼育箱に入れてみましたが、捕食には至りません。クモの巣にゾウムシがかかると捕食しようとしますが、殻が硬すぎるのか、どのクモもあきらめてしまう。

また、一番の問題として、オリーブアナアキゾウムシは夜活発に動くのに対し、昼間は隠れてじっとしているので昼行性の昆虫が天敵になりにくいということがわかってきます。そこで考えたのが、夜行性の捕食者の代表、オオムカデ。このムカデはオリーブ畑にも棲み着いていて、夜になると出てきて、いろいろな虫を食べています。ムカデを飼育箱に入れると小さくて動くものなら何でも襲いかかりますが、やはりゾウムシの殻が硬すぎるのか、今のところ食べている現場を見たことはありません。

こうなったら昆虫ではなく爬虫類で夜行性のヤモリや両生類のアマガエルはどうかと試してみるが結果は同じ、食べません。残念ながら、これまでのところ人間以外の天敵を発見できていません。

オオムカデをゾウムシの飼育箱に入れてみる

これからやってみたい実験は「AIゾウムシハンター」。木と木の間を飛び回るドローンに搭載したカメラの画像解析機能にゾウムシの映像を認識させて、ゾウムシを検知したら映像と場所をスマホに転送するだけ。ドローンも画像認識機能もすでに開発されている既存の技術ですから、コストさえクリアできれば、ゾウムシのように発生数が少なく動きが小さい害虫には使えそうです。

AIゾウムシハンター

ちなみに、有機オリーブ栽培で大部分を占めるルーチンワークは草刈りとゾウムシの見回りです。草刈りも小さめの乗用草刈機にロボット掃除機の機能を加えれば、人間は草丈設定や刈る草、刈らない草を選ぶだけで草生栽培ができてしまいます。大型機械のような初期投資が必要でなければ、小さい畑でも使えます。今、どんどん耕作放棄されている小さくて傾斜が多い中山間の農地が、すでに開発されている技術を組み合わせるだけで、一気に宝の山に変わります。農業分野以外で開発されたIOT技術が、戦後、進化し続けた農薬を過去の遺物にしてしまうということが起こらないとも限りません。

さらに何世代か先には、無人島になった島のオリーブ畑で肩に鳥を乗せたAIロボットが、そっとゾウムシを虫かごに入れていないとも限りません。そんなシーン、どこかで観た気がします。

2 その他の害虫の防ぎ方

葉や実が渋みの強いポリフェノールに守られているため、害虫が少ないオリーブですが、オリーブアナアキゾウムシ以外にも害虫はいます。ゾウムシの次に実を食害して収穫量が減ってしまうこともあるハマキムシについて、その生態と防除方法を詳しく説明します。それ以外の害虫は、比較的オリーブの被害が大きいスズメガ、コガネムシ、コウモリガについて紹介します。

葉と実を食べるハマキムシ

オリーブの葉を巻きながら食害するハマキムシはハマキガ類の幼虫。マエアカスカシノメイガ、チャハマキ、マダラメイガの3種類をうちの畑では視認しています。マダラメイガは真夏にポツポツと発生し、チャハマキは春から秋にポツポツと発生しますが、この2種は大量発生することがないので特に捕殺などはしていません。

問題になるのは、マエアカスカシノメイガという種類で、春と秋に発生し、特に秋の大量発生時は、オリーブの葉だけではなく実まで食べるため収穫量が減少することもあるので警戒しています。マエアカスカシノメイガの成虫の体長は1・5cm前後、光沢のある白い羽と羽の前を縁取る赤褐色のラインが特徴。幼虫は、黄褐色の頭部、光沢のある黄緑色の体色が特徴の青虫です。

ハマキムシの防除方法4つ

防除方法は「草生栽培」「幼虫の捕殺」「成虫の捕殺」「農薬の散布」の4つです。

①草生栽培で天敵を増やす

オリーブ畑に豊かな草花が育つと、多くの虫たちがその中で暮らし、オリーブの害虫を活発に食べてくれるので、人間による捕殺や農薬の使用を減らすことができます。

ハマキムシはオリーブアナアキゾウムシと違い、成虫も幼虫も多くの捕食昆虫の餌になっています。クモ、カマキリ、アリ、アシナガバチなどがハマキムシを食べる益虫ですが、その中でも最もハマキムシを多く食べてくれるのはクモ類です。

代表的なクモは美しいコハナグモ。オリーブの葉の裏に隠れたコハナグモが、一休みしているハマキガを捕まえているところをよく見かけます。

②若い樹園は重点的に幼虫を捕殺

植えたばかりの若木は、春と秋にたくさんの新芽を出します。そして、その新芽がハマキガを引き寄せます。若木が多く植えてある畑は、天敵となる益虫の数も少ないことが多いため、何もしないでいると、せっかく出てきた新芽が丸々食べられてしまうということが起こります。木の樹高が低く、新芽に手が届くようなら、人間の手で捕殺します。

マエアカスカシノメイガの成虫。全身光沢がある白色

③成虫の捕殺

コツを掴めば効率的なハマキムシの駆除方法です。1匹のメスの捕殺は、数百匹の幼虫の捕殺と同じ効果があります。オリーブ畑に、ひらひらと白いハマキガが舞うのが目につくようでしたら、この方法を試してみるのもおもしろいと思います。

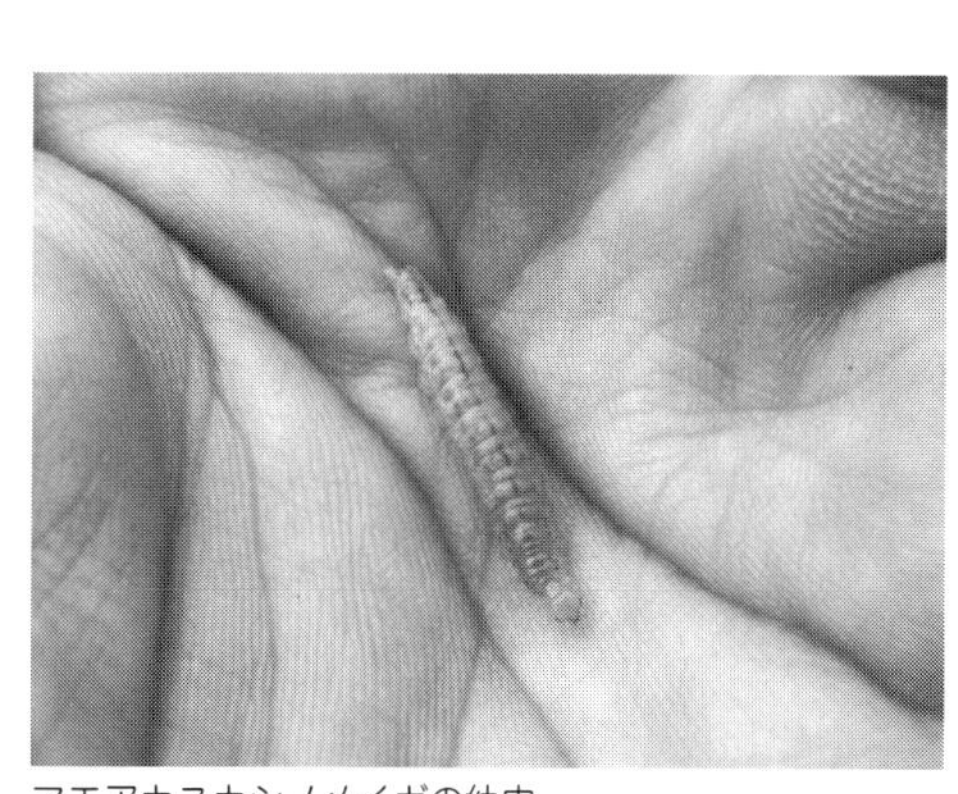

マエアカスカシノメイガの幼虫

必要な道具は市販のハエタタキです。どこにでも売っている安いものでOK。コツは、ハマキガの飛び方を観察するとわかります。ハマキガは蝶のようにふわふわと舞わず、人間に驚いて飛び出したところから少しずつ下に落ちていきます。下草や壁などに落ちていくのを目で追って、どこかにとまったら静かに近づきます。人間の姿を目で見て逃げているようなので、ハマキガの目線から見えにくい方から近づくと逃げられません。ハエタタキが届く距離まできたら、躊躇せずバシッと叩く。失敗しても、そんなに遠くまで飛んでいきません。畑の外に出るまでトライします。コツがわかると百発百中です。

最初、慣れないうちは早朝など気温が低い時間のほうがハマキガの動きが

緩慢なので成功しやすいです。

④農薬の散布

秋にマエアカスカシノメイガの幼虫が大量発生した場合、オリーブの実まで食害されて収穫量に影響が出ます。また、収穫するような木は樹高も高く、手で捕殺することはできませんので、有機ＪＡＳでも使用可能な「デルフィン顆粒水和剤」を使用します。使い方としては、ハマキムシを目視してから使用すること、ハマキムシが多くいる新芽、枝の先端に薬剤をキチンと噴霧します。

スズメガの幼虫は捕殺する

スズメガは気温が徐々に高くなる春から秋まで発生します。成虫のメスは卵をばらまくようにして産むので散発的に発生します。そのため木に大きなダメージを与えるほどではないのですが、体が大きく食欲も旺盛なので、見つけたら捕殺します。成虫は動きが速いので捕まえることはできません。幼虫を捕まえます。

スズメガの幼虫

見つける方法は2つあります。食害のパターンは枝先の葉が上からきれいになくなっているところ。もう1つは、黒くて小さい独特な形をした糞が地面に落ちていれば、その糞の樹上にスズメガの幼虫がいます。

スズメガの幼虫の糞

スズメガの幼虫はオリーブの枝葉に紛れて見つけにくいので、幼虫の糞を見て、ある程度いる場所の見当をつけて探します。まずは糞の大きさで幼虫の大きさが推測できます。大きい糞は大きい幼虫、小さい糞は見つけにくい小さい幼虫。次に糞が分散している場所を丸く囲むとおおむねその中心の真上にいます。また、糞が分散している円が小さいと低い枝、大きいと高い枝にいます。

コガネムシの幼虫は苗木の被害に注意

コガネムシは春から秋に発生し、成虫は飛んでオリーブの木にやってきます。葉を食害することもありますが被害というほどのダメージはありません。幼虫は土に産み付けられた卵から孵化し、オリーブの根を食べます。地植えの場合は、大きな被害を受けることはないので気にしていませんが、苗木などの鉢植えやポット植えのオリーブなどは根の空間が限られているので、コガネムシの幼虫がたくさん入ると場合によっては枯れることもあります。鉢植えの苗が弱っている場合は、コガネムシを疑い、ポットから根を出して中を確認し、幼虫を捕殺します。土の中に幼虫がたくさんいる場合は、土ごと変えてしまいます。

決定的な防除方法はありませんが、腐葉土が多すぎると卵を産み付けられる可能性が高まります。表面までたっぷり腐葉土で覆うことは控えます。

天敵のエンマムシに襲われるコガネムシの幼虫

枝を枯らすコウモリガの幼虫

コウモリガの成虫はおもに秋にやってきて、飛びながらランダムに卵をまき散らします。土の中で越冬した卵は春に孵化し、春先は雑草を食べて過ごし、晩春頃にはオリーブの枝に登ってきて、幹の中に潜り込み幹の中身を食べ、木を食べたオガクズ状の糞が綿状になって幹をぐるりと覆います。食害される場所がオリーブアナアキゾウムシとは違い、もう少し高い位置を食害することが多いです。

コウモリガは食害する量が多いので、そのまま放置すると、食害されたところから上が枯死することがあります。飛んでいる成虫は捕まえることはできません。卵も草を食べている幼虫も見つけられません。オリーブの枝に綿状の糞が出てきたら、それを外すと出て

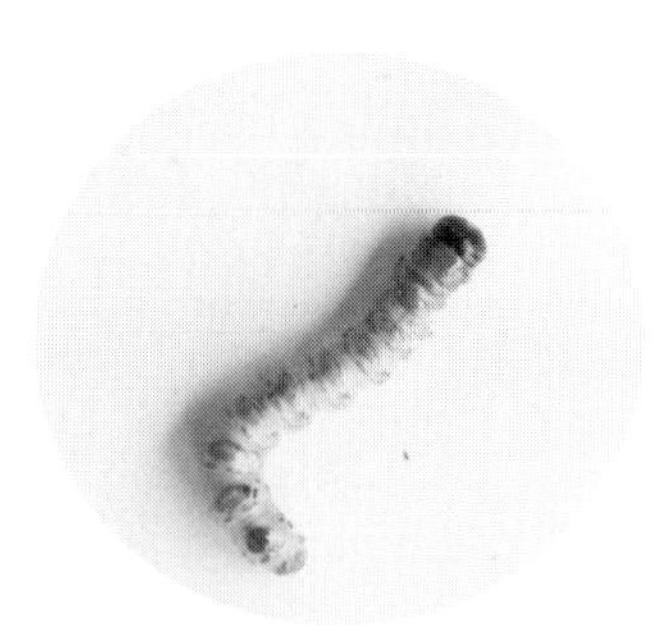

コウモリガの幼虫
体長20～75mm

綿状になったコウモリガの幼虫の糞

くることもありますが、幹の中心の硬い部分に潜り込んでしまうのでドライバーなどでは掻き出せません。針金などを突っ込んでつぶしますが、穴が入り組んでいるためなかなか届きません。針金より弾力があるワイヤーのほうが、成功率は高まりますが、どうしてもつぶせない場合は、大量発生することもないのであきらめています。

被害が増えるシカとイノシシ

近年、オリーブの害獣として問題になっているのが、シカとイノシシです。シカは、オリーブの葉と樹皮を食べます。特に樹皮の食害により若木などは大きなダメージを受け、場合によっては枯死することもあります。イノシシはオリーブを食べませんが、土の中の生き物を食べるため地面を掘り起こし

シカに食害されたオリーブの樹皮

オリーブの葉や樹皮を食べる被害が増え続けている

ます。オリーブの根を食べているコガネムシの幼虫や、堆肥を餌にしているミミズなどが大好物なので、オリーブの根を掘り起こすこともあり、場合によってはダメージを受けることがあります。対策は一般的な防獣柵の設置や罠による駆除などですが、被害は年々深刻なものとなっています。

コラム

オリーブとニホンミツバチ

うちのオリーブ畑にはたくさんの虫たちが暮らしています。その虫たちと毎日いると、虫と一言ではくくれない、1匹1匹の個性が見えてきます。そんな虫たちの中でも異色の種族がいます。それがハチとアリ。蝶やトンボ、バッタやカマキリ、そしてゾウムシとも一線を画しています。

何が違うか、一言で言うと頭がいい。ほとんどの虫は、1匹で暮らし、食べ物を探し、生殖して死んでいきます。しかし、ハチとアリは、仲間と共同で暮らすという社会性も持っている不思議な虫たちです。蝶が雌雄で戯れるように飛んでいても、そこにあるのは生殖です。しかし、ハチどうしが触覚を触れ合わせるところにはコミュニケーションがあります。畑で見かけるアリやハチたちは見飽きることがありません。

そんな虫をオリーブ畑で飼うことができるのがニホンミツバチの養蜂です。ミツバチが暮らすための巣箱を設置し、春に巣箱の前にミツバチが好きな花（キンリョウヘン）を置いておくと、うちの畑に何千匹という大群がやってきて暮らし始めました。草花の蜜を集め、ときおり蜂蜜まで分けてくれます。秋にはオオスズメバチに襲われ、一緒に戦います。しかし、どこかでまかれた農薬の影響で、巣箱のハチが全滅したこともありました。

ニホンミツバチは日本に昔からいる在来種で、長い間、自然と人間の境界を暮らしてきた虫たちです。ミツバチを飼うと、今まで見えていなかったミツバチからの視座を持つことができます。オリーブ畑が広がる小豆島はミツバチにとって暮らしやすい島なのかどうか、考えさせられます。

オリーブ畑に設置したニホンミツバチの巣箱

3 最大の病気「炭疽病」の防ぎ方

経営にダメージを与えるカビの病気

炭疽病（たんそびょう）は、世界のオリーブの8割の品種で発生するといわれており、日本のオリーブ生産農家を最も困らせている病気です。炭疽病は、糸状菌（カビの一種）によって引き起こされます。実に発症すると、黒く変色しカビのような症状が現れます。炭疽病になった実は独特のカビ臭がするので、その実を混ぜてオイルを搾ると風味が損なわれます。そのため、収穫した後に炭疽病の実を取り除く必要があります。

品種によっては収穫量が減り、かつ収穫時間と同じくらい選果の時間がかかることで、コストが上がり売上が減りオリーブ農家の経営にダメージを与えます。

わが家の5つの対処法

炭疽病の一般的な対策として、毎年きちんと剪定し、枝葉への日当たりと風通しをよくすること、土壌の水はけを改善し畑の湿度を下げ、定期的に農薬を散布することが推奨されています。うちの畑で実践している5つの対処法と、一般的な慣行栽培で使用されている農薬を紹介します。

①炭疽病になりにくい品種を植える

オリーブには、炭疽病になりやすい品種となりにくい品種があります。品

炭疽病を防ぐポイント

- 炭疽病になりにくい品種の木を植える
- 実は熟す前に収穫する
- 収穫したら炭疽病の実はすぐに取り除く
- 感染した実や枝を取り除く
- 森の近くには植えない
- 農薬の散布

炭疽病が発症した実

種選びは効果的な解決策ですが、実際に日本の気象環境で安定的に生産することができるかどうかわからない品種も多く、今後の試行錯誤が必要です。

スペインのコルドバ大学、Antonio Trapero Casas 教授らが世界中の308品種のオリーブの炭疽病への耐性を調べた論文を発表し、炭疽病になりやすい品種、なりにくい品種を5つの段階に分類しています。代表的な品種を抜粋します。

・非常に影響を受けやすい品種（66種）→炭疽病にとても弱い
マンザニロ（Manzanillo）
アザパ（Azapa）
オヒブランカ（Hojiblanca）
ピクード（Picudo）
モリスカ（Morisca）

・影響を受けやすい品種（83種）
→炭疽病に弱い
ネバディロ・ブランコ（Nevadillo Blanco）
シプレッシーノ（Cipressino）
アスコラーナ・テネラ（Ascolana Tenera）
コルニカブラ（Cornicabra）
カロレア（Carolea）

・中程度に影響を受けやすい品種（66種）
→炭疽病に弱いと強いの間くらい
ミッション（Mission）
アルベキーナ（Arbequina）
ピッチョリーネ（Picholine）

・耐性がある品種（61種）
→炭疽病に強い
レッチーノ（Leccino）
ピクアル（Picual）
モライオーロ（Moraiolo）
コラティーナ（Coratina）
セビラノ（Sevillano）
マウリーノ（Maurino）
ビアンコッリラ（Biancolilla）

・強い耐性がある品種（32種）
→炭疽病にとても強い
フラントイオ（Frantoio）
ペンドリーノ（Pendolino）
エンペルトレ（Empeltre）
ボサーナ（Bosana）

②実は熟す前に収穫する

炭疽病の症状は実が熟すにしたがって増えていきます。熟れていない緑色の実も炭疽病が発症することはありますが、割合的には多くはありません。たとえば小豆島で栽培されているマンザニロは炭疽病になりやすい品種ですが、熟れる前の緑色の実を摘んで塩漬けに加工することで炭疽病の被害を最小化することができます。ミッションなども緑果の状態で搾油することにより、ある程度の炭疽病の被害を軽減することが可能です。

③収穫したら炭疽病の実は取り除く

炭疽病は、収穫して長時間保管しておくと新たに発症し、他の実への感染が広がるといわれています。収穫から加工までの時間の短縮、過湿を避け乾燥した状態で保管するといった対策は必要ですが、選果によって炭疽病の実を取り除くことで被害を抑えます。

収穫しながら炭疽病の実を選り分けることはできますが、どうしても見落としが起こります。そこで、うちでは、選果作業は倉庫などの室内の作業台で行います。作業台に実が傷つかないように布を掛けて転がしながらチェックします。ポイントは明るい環境を作ることです。倉庫など暗いところで作業すると炭疽病の実を見逃す確率が高くなります。炭疽病の実を取り除いたら、水気を拭いて、湿気が少ない風通しのよいコンテナなどに保管し、できるだけ気温が低いところで保管します。そして何より早く加工します。

④感染した実や枝を取り除く

炭疽病が発症した実には、炭疽病を引き起こす菌がいます。雨が降り、実が濡れると茶色の汁が出てきます。この汁が降りかかると菌が侵入し感染が広がるといわれています。炭疽病にかかった実をマメに落とせば、ある程度は感染を抑えることができますが、木が大きいと、ランダムに発生する炭疽病の実を三脚を使って摘果するといったことは実際には難しいという現実もあります。

うちでは、収穫のときに炭疽病の実をきれいな実と一緒にすべて採ってしまい木に残しません。また、剪定のときに、枝葉に炭疽病の症状が現れて枯れている場合には、疑わしい部分も含めてバッサリ切り落とします。炭疽病の菌は土中で繁殖するかどうかはわかりません。うちでは土中にはたくさんの種類の菌類が住んでいることから、あまり気にせず地面に落としたままにしています。

⑤森の近くには植えない

理由はわからないのですが、森に接しているオリーブは炭疽病になりやすいです。森は風通しが悪く湿気が多いため、その影響が近くのオリーブに及んでいるのか、そもそも森の木々が炭疽病の菌に感染しているのかはわかりません。ちなみに、山際に植えた木はオリーブアナアキゾウムシの被害も多いので、育てるのに手間がかかる割に収穫量も少ないため、山から十分距離を離して植えるか、炭疽病に強い品種を植えています。

オリーブの炭疽病で使用できる農薬

慣行栽培で使用できる農薬を参考までに紹介します。登録情報は変更になることがあるので、最新情報をチェックしてください。
※以下は果実収穫の場合。葉を収穫する際は登録が異なります

農薬名	希釈倍数、使用量	使用時期	使用回数	使用方法
ICボルドー66D	50倍 200～700ℓ /10a	制限なし	制限なし	散布
アミスター10フロアブル	1000倍 200～700ℓ /10a	収穫30日前まで	2回以内	散布
セイビアーフロアブル20	1000倍 200～700ℓ /10a	収穫7日前まで	2回以内	散布
ベンコゼブ水和剤	600倍 200～700ℓ /10a	収穫90日前まで	2回以内	散布

出典：ルーラル電子図書館（2020年4月現在の情報）

⑥農薬を使う

うちの畑では、まだ炭疽病のための農薬を使用していませんが、有機栽培でも使用できる農薬（ＩＣボルドー66D）もあり、丁寧に農薬を散布している畑のオリーブは、確実に炭疽病の被害が少なくなっているという話を聞きます。

4 その他の病気

オリーブには炭疽病以外の病気があります。梢枯病など以前から発生が確認されているものに加え、近年、新たに海外から持ち込まれた病気が徐々に増えてきています。海外からの苗木や古木などの樹木の輸入などに伴う病気の最新情報をキャッチできるようにしています。

オリーブの梢枯病

カビの一種によって新芽や枝先の若い枝が枯れてしまう病気が梢枯病です。枝にふくらみができて、先がねじ曲がって成長できないまま枯れてしまうのが特徴です。梢枯病に似た病気として、炭疽病の菌によって発症する新梢枯死症というものもありますが、梢枯病と症状や対策はおおむね同じと考えています。毎年きちんと剪定し、枝葉への日当たりと風通しをよくし、土壌の水はけを改善し畑の湿度を下げるようにします。

梢枯病が発症した枝を見つけたら可

能な限りマメに発症部分を切り落とします。先端だけに発症している場合でも、念のためにその年の春先から伸びてきた緑色の新枝部分は元気な枝葉ごと切り落とします。また、ひこばえに発症している場合があるのでマメに取り除きます。しかし、そのような対策だけでは、梢枯病になった木は、また別の新梢で発生することが多く、この程度の方法では不十分だというのが現時点の実感です。新たな対策は今後の課題です。

オリーブがんしゅ病

２０１４年に静岡県内の観賞用オリーブ老木で小枝や主幹にこぶ症状が発生し、国内では初めてオリーブがんしゅ病であることが判明しています。オリーブがんしゅ病は海外では普通に見られるオリーブの病気で、オリーブの幹や枝の中に侵入した細菌（シュードモナス属）によって発症するので、今後も海外からの植木の輸入により病気の拡大が予想されます。ここ数年、静岡県以外の地域でも発生が確認されているようです。しかし、木自体が枯れるほどではないため、これまでのところ、炭疽病のような大きな被害を出すには至っていません。

オリーブ立枯病（たちがれびょう）（仮称）

読んで字のごとく、オリーブの木が立ち枯れてしまう病気で、従来の梢枯病のように枝先の一部がゆっくり枯れ始めるのでなく、短期間で木の全部もしくは一部が枯れてしまうのが特徴です。原因は、トマトなどナス科植物などの青枯れ病の原因にもなる細菌。高温で被害が多発し、水を好み乾燥を嫌う性質のようです。急激に枯れるので、茶色く枯死した葉が枝にそのまま残ることが多いようです。

２０１７年に小豆島の畑で枝や幹の導管周辺部の変色及び葉枯れが生じたのが最初の症例のようです。小豆島で確認されて以降、鹿児島県や宮崎県でも発生が確認され始めています。木全体が枯死してしまう被害が出ることから、オリーブ農家としては現在最も警戒している新病です。今後の発生推移を見守りつつ対策が待たれます。

白紋羽病（しろもんぱびょう）

りんごやぶどう、柑橘類など多くの果樹で発症が確認されている病気で、新芽が出なくなり葉色が黄色くなって徐々に葉が落ちて枯れていきます。根を掘り返すと、白いカビ状の糸状菌が覆って腐食しています。

１９８９年に静岡県で発生が確認さ

れており、うちの畑でも元田んぼだった水はけが悪い畑で発生することがあります。病原菌は植物の有機物で繁殖するので、開墾時に雑木などを埋めたり、未熟な有機肥料を鋤きこんだりしないようにします。また、水はけが悪い場所で発生することが多いので、水はけの改善を施すか、それが難しいような環境の場合は、そのような場所にはオリーブを植えないようにしています。

コラム　機械化が進む世界の収穫方法

2013年の秋　家族だけの収穫風景

海外の同業者がうちの畑に見学に来てくれることがあります。その人たちの中には、手で実を摘んでいることに驚く人もいます。もしかすると、日本人が海外に行って、手で稲刈りをしているのを見るのと同じ感覚かもしれません。海外の大規模農園では、さまざまな大型機械で効率的な収穫が行われているようです。また、小さな農園でも大型機械ではありませんが、エンジンや電気で振動する熊手のようなものを使い、木の下に敷いたネットに落としていくことで、手摘みより速くたくさんの実が収穫できるようです。

小豆島では昔から手でオリーブを摘んできました。畑が小さいということもあり、大型機械を入れにくいという事情もありますが、電動収穫熊手くらいなら、小さい畑でも使えそうです。このような効率化は、海外から学ぶことが多くありそうです。機械で摘むと傷が付いて質が落ちると決めてしまうのでなく、柔軟によいものは取り込んでいきたいと思います。

しかし、大型機械の導入は、僕らのような小さい農家にとっては脅威になるかもしれません。もし、将来的に日本でも、海外の大農園のような大型機械を使ったオリーブ栽培が始まったら、日本のオリーブ生産業界は大きく変わる可能性があります。

というのも、現在の国内のオリーブ生産者は規模に関わらず手摘みで収穫しています。剪定も1本1本、ノコギリや剪定バサミで切っています。こういう農業は、オリーブの収穫量を増やそうとすると、最大の費用である人件費も増えます。ということは、僕たちのような小さい農家も、大きな会社も同じ1kgのオリーブオイルを作るのにかかる費用は、ほとんど変わりません。つまり、規模の大きさが、そのまま優位差にはならないので、小さい農家でも大きな会社と対等に競争できます。

しかし、大型機械が導入されると、1haの農家も100haの農家も同じ1台の大型収穫機を使うことになり、規模が大きいほうが安く作れるようになります。小さい農家は勝てません。小さい農家が生き残るための戦略が、今よりもっと重要になります。

とはいっても、大型機械による大農園があるスペインやイタリアにも小さい農家はあります。さらに、小さい農家は、小さい農家なりの存在感を持って見直されているようです。日本も大変なことにはなるでしょうが、生き残る道はあるはずだし、何としても生き残ろうと思います。

第4章

オリーブオイルを搾る

自家搾油か外部委託か

家族経営の小さな農家です。ゼロから畑を借りて苗木を植え、徐々に畑を拡大して収穫量を増やし、就農7年目に自家搾油所にて自分で搾油を始めました。しかし、収穫量が少ないうちは、生の果実を販売したり、加工が比較的簡単なオリーブ茶や塩漬けを作りながら、オリーブオイルの搾油は外部の同業者に委託していました。

搾油所を作るには比較的大きな投資が必要です。投資したお金を回収する見込みが立つようなら、思い通りに搾油ができる自家搾油所を持つことは、オリーブ農家にとって大きなステップアップになります。自家搾油所を持つべきかどうか、そのメリットとデメリットについて実際に経験したことを書いてみます。

生の実を出荷するという選択もある

オリーブの生産が盛んな小豆島の農家の多くは兼業農家で、収穫したオリーブの実を農協に出荷しており、自家搾油所で搾油している農家は少数です。農協に出荷された実は、おもに同じ島内の比較的規模が大きな農業法人や株式会社が買い取って、オリーブオイルや新漬けとして販売しています。他の仕事をしながらオリーブを栽培する兼業農家や、オリーブ以外の農産物を主たる収入にしながら、果樹の1つとしてオリーブを栽培する場合は、生の実を買い取ってくれる先があるのなら、そういった先に売るほうが現実的かもしれません。

余談ですが、農産物であるオリーブ

自家搾油には新たな投資と技術の習得が必要

農家は農産物生産のプロですが、加工のプロではありません。まったく異業種の加工を個人農家が自分でやるか、自分以外のプロに任せるかという選択をすることになります。オリーブの木を育てるのに必要な技術と、オリーブの実を搾油する技術はまったく別ものです。技術以前に搾油場の設置も必要になります。新たな技術を自分で習得するか技術を持った人を雇用し、初期投資をしても加工製造をするかどうか、慎重に検討しなくてはいけません。

うちは、夫婦2人だけでやっている

の実はすぐに腐ります。しかし、オリーブオイルにすると長期間保存できます。ただ、これは必ずしも生産者にとって、オリーブオイルのほうが商品として優れているとも言い切れません。というのも、オリーブの実をオイルにした瞬間から、競争相手が世界に広がるからです。賞味期限が2年近くあるオリーブオイルは、遠くまで運べます。イタリア産のロメインレタスが日本のスーパーで売られることはありませんが、イタリア産のオリーブオイルは普通に並んでいます。

自家搾油のメリット

①オイルの風味や搾油率をコントロールしやすい

自家搾油所を所有して自分で搾油することの最も大きなメリットはオリーブオイルの風味や質や量をコントロールできることです。同じオリーブの実を使っても、搾り方によってはまったく違う風味のオイルになります。どのようなオイルにしたいのか、委託先によってはある程度、希望を聞いてくれるところもありますが、基本的には搾油率と風味のバランスを取りながらスタンダードなオイルを搾ってもらうことになります。委託は自分で搾るより質が低いということはありません。搾油のプロですから、自分で搾るより質が高いオイルを搾ってくれることもありますが、その風味や量は、ある程度委託先に任せるしかありません。

②搾油タイミングを決められる

オリーブの収穫時期は一般的には1～2カ月、長いところでも3カ月くらいです。オリーブの実は熟度によって、オイルの風味や搾油率が日に日に変わるので、皆が一番オイルを搾りたいタイミングは、産地が同じならだいたい同じ頃に集中します。つまり、一番搾りたいときにオイルを搾るには、外部委託ではなく自家搾油が有利です。外部に委託した場合、委託先が自分でオリーブを栽培している場合は、自分の実を優先的に搾りますし、組合のように共同で搾油機を所有している場合は、自分だけ希望の日に搾ってもらうわけ

日に日に熟れていくオリーブの実

にはいきません。搾油タイミングを自由に決められるのも自家搾油のメリットです。

③収穫から搾油までの時間を短くしやすい

オリーブの実は、木から離れると傷み始めるので、基本的には摘んでから搾油するまでの時間は短ければ短いほど、質の高いオイルを搾ることができます。農園の近くに搾油所を作ることができれば、摘んでから搾油するまでの時間を限りなく短くすることが可能になります。オイルの品質をよりよくするために、午前中に収穫した実を午後、午後に収穫した実を夕方には搾油できます。ちなみに、収穫から搾油までの時間は、外部に委託する場合でも大切です。畑から搾油所まで実を運ぶ時間を短くし、届けた実を早いタイミングで搾油してもらうための時間調整などは可能な限り行うようにします。

④収穫態勢の自由度が高い

外部委託する場合には、基本的に数カ月前から搾油日のスケジュールを押さえてもらいます。委託先は、忙しいシーズン中に何社もの搾油を分単位で搾油します。急なキャンセルや変更、量の変更などは対応できない場合もあります。決まった日に決まった量を持ち込む必要がありますが、トン単位の収穫をアルバイトの採用やシフトを組んで行うのは、なかなか大変です。予想外の気温の低下もしくは上昇、急な雨など、予定通りにはいかない天気と人による収穫態勢に、自家搾油なら柔軟に対応できます。

⑤搾油ごとに実が混ざらない

有機オリーブオイルを製造する場合には、有機ＪＡＳに認証された加工場で搾油する必要があります。つまり有機オリーブの実を栽培できても、有機加工場で搾らないと有機オリーブオイルという表示ができません。残念ながら国内には、オリーブの搾油をする有機加工場はほとんどないため、必然的に自分で搾油所を作り有機ＪＡＳの認証を受ける必要があります。また有機ＪＡＳかどうかは別としても、搾油機というのは、構造上、デカンターの中などにペースト状の搾りかすが少しずつ残るので、前に搾った実が少量ながら混入します。外部委託の場合には、他の果実が残っていない朝一に搾油を依頼するなど混入のリスクを少しでも軽減することはできますが、自家搾油ほど徹底することは難しいのが現状です。またフレーバーオイルなど香りが強いオイルを搾油する場合は、いつも以上に徹底した洗浄が必要になりますが、委託先にそれをお願いすることは現実的には難しいと思われます。

自家搾油のデメリット

①初期投資が大きい

現在は、日本で搾油機を製造しているメーカーはありませんので、搾油機はイタリアなど海外のメーカーから輸入したものを使用することになります。また、搾油するためには搾油機以外にも濾過機や洗浄機、什器などの周辺機器や、搾油所の建物も必要になります。費用は、搾油所の規模や既存の建物の有無、補助金などによって大きく変わりますが、参考までにうちが搾油所を作ったときの初期投資額の概算を目安として掲載します。

搾油機は1時間に40kg前後の搾油ができる小型のものを購入しました。搾油所一式600万円は、相当費用を低く抑えることができていると思われるので、おおむねこの金額以上の投資が必要になると思います。というのも、うちの建物は無償でお借りしていますし、建物の立地によっては必要な防音対策もしていません。什器などは、ほぼ業務用の中古品を安く仕入れ、搾油室以外の作業室、保管室などの内装は自分たちで工事して内装費も低く抑えました。自治体からの補助金は、搾油機及び周辺機器の半額を助成してもらっています。

搾油を外部に委託する場合の費用はそれぞれですが、600万円の委託料を払えば何キロの実の搾油ができるかは計算できます。今後の収穫量の見込みの搾油量に換算すると、何年分くらいの先行投資をしようとしているのかわかります。投資を回収するために

著者の搾油所の初期投資額

搾油機及び周辺機器	400万円
その他什器や加工器具	100万円
建物（無償賃借）	0円
内装費	300万円
補助金	▲200万円
計	600万円

山田オリーブ園の搾油室

は、毎年いくらの利益を上げ、何年かかるか計算しました（うちの場合は3〜5年と判断）。オリーブオイルの質を少々コントロールできたとして、それがどの程度、売上、利益につながってくるのか、本当に投資回収できるのか冷静に判断しなければなりません。

②搾油技術の習得が必要

搾油機は、全自動洗濯機のように洗濯物を入れておけば勝手に洗って乾燥までしてくれる機械からはほど遠く、動力は電気ですが、どこまでも人間が実の状態やオイルの質を見ながら微妙な調整を手動で繰り返すことが求められます。世界には、もっと簡単な搾油機があるのかもしれませんし、僕がヘタなだけかもしれません。しかし、オイルの風味うんぬんの前に、100kgの実を入れて1滴もオイルが搾れないということや、デカンターへのペースト送りが詰まっているのに気付かずオイルが酸化してしまうというような失敗もありました。つまり、機械があれば搾れるのではなく、搾油技術の習得と経験が必要で、それに失敗すると質の高いオイルどころか、最悪オイル自体を搾れないというリスクがあります。

質を取れば量が減る、量を取れば質が落ちる

オリーブの実は品種によって、熟度によって油が含まれている割合が変わります。あくまでもうちの搾油機を使った場合ですが、未熟な緑色の果実を搾ると5%くらいのオイルが採れ、熟した真っ黒なオイルを搾ると3倍以上の15%くらいのオイルが採れます。実の重量に対して搾ったオイルのこの割合、5〜15%くらいがうちのオリーブオイルのだいたいの搾油率です。この搾油率は、搾油技術や搾油機の性能によっても変わりますので、あくまでも参考数値です。

また、実の熟度とは別に、搾油の方法によっても搾油率は大きく変わります。たとえば、実を粉砕してペースト状にしたものを練り込む工程がありますが、この工程でペーストの温度を上げるほど、また練り込みの時間を長くするほど、一定の限度はありますが、搾油率は上がります。つまり、オイルの量を優先する場合には、ペーストの温度を上げて、練り込み時間を長く設定するだけで、同じ量の実を使っても、オイルをたくさん搾ることができます。たとえば、完熟した実を使い、温度を上げて練り込み時間を長くすれば15%の搾油率になりますが、早摘みの緑果の実を低温で練り込み時間を短くすると5%の搾油率になります。

実の量が同じで搾油率が3倍違えば、オイルの量も3倍違い、売上利益も3

倍になります。ということは、誰だって搾油率を上げたくなるのですが、残念ながら熟れた実を高温で長時間練り込んだオイルは、風味が薄く、最悪の場合、酸化した欠陥臭がするオリーブオイルになります。それに比べ、低温で練り込み時間も短い緑果のオイルは、品種特有の風味が強く、酸度も低い高品質なオイルになります。ただし、単純に搾油率が低いだけの緑果オリーブオイルというのも風味が単調になるので、搾油率は低ければいいといいものではなく、品種によっては、熟した果実を搾ることで搾油率が高くマイルドな美味しいオイルになることもあります。

しかし、一般的な傾向としては、搾油率が低く風味が強いオイルは質が高いことが多く、搾油率が高く風味が弱いオイルは質が低いことが多いです。質を取るか、量を取るか、目先の売上を取るか、長期の利益を狙いにいくか、どちらかを選びます。

2　オリーブオイルの種類

オリーブオイルには種類があります。日本で販売されている食用オリーブオイルは、エキストラバージンオリーブオイル、精製オリーブオイル、その2つをブレンドしたピュアオリーブオイルの3種類です。

エキストラバージンオリーブオイル

うちのような個人経営の農家は、基本的に、このエキストラバージンオリーブを搾油しています。エキストラバージンオリーブオイルは、化学的な精製や高温処理をいっさい行わずに生の果実を物理的に搾っただけのオイルのうち、酸度などが低く抑えられたオリーブオイルの中でも最高級品といわれるものです。オリーブ本来の香りと味わいが特徴で、オレイン酸やポリフェノール、ビタミンEなどが豊富に含まれた健康にもよいオリーブオイルです。

精製オリーブオイル

精製オリーブオイルは、生の果実を搾った後に化学的な精製（脱酸、脱臭など）を行ったオリーブオイルです。一般には食用に適さない低品質のオリーブオイルを精製することで酸度を下げ食用に適するように加工したもの。ポリフェノールやビタミン類など体によい成分は精製の段階でほとんど除かれた無味無臭のオイルです。ちなみに個人農家が所有する一般的な搾油機では作れません。

ピュアオリーブオイル

ピュアオリーブオイルは、この精製オリーブオイルにエキストラバージンオリーブオイルをブレンドしたもの。大抵はエキストラバージンオリーブオイルは10％以下のブレンド率で、香り付け程度のことが多いようです。

3 搾油の各工程と注意点

オリーブの栽培を始めてから10年がたちましたが、自家搾油を始めてからは4年です。まだまだ搾油に関しては初心者の域を出ていません。これからもっともっと学ばないといけない搾油技術ですが、4年やってみた現時点で大切にしていることを、10の工程順に書いてみます。

搾油の10の工程

（1）実の保管	（6）分離
（2）計量・検査	（7）清掃
（3）洗浄	（8）濾過
（4）粉砕	（9）オイルの保管
（5）練り込み	（10）充填

わが家では1回40kgを搾油する小型機械を使用。計量から分離まで約2時間。清掃に2時間、濾過に24時間ほどかけている

(1) 実の保管

収穫、選果した実を一時的に保管します。ポイントは、保管時間を短くすることです。保管せずにすぐに搾油することが最良ですが、一時的に保管する場合は、日が当たらない屋内で、風通しのよい涼しい場所にコンテナで保管します。特に、湿気が多い場所での保管は、炭疽病の発症など実の品質を低下させるので注意が必要です。

(2) 計量・検査

搾油の前に実に関するデータを記録

します。このデータは今から行う搾油プランを決めるとともに、搾油品質をより高めるための貴重なデータとなります。うちで収集しているデータは、品種、ほ場番号（個体番号）、実の総量、実の温度、室温、カラースケールの6つです。実の熟度を表すカラースケールは、1粒ずつ違う実の熟度の平均を出すために、コンテナから両手いっぱいくらいの実を作業台に広げてカラースケールごとの数を記録し、最後に平均値を出しています。このカラースケールはオイルのテイスティングと紐づくので、たとえばミッションならミッションのカラースケールごとの風味の違いを記録として残すことができます。また過去の記録を参考に、練り込み時間の目安と分離が終わる時間を予測しています。

⑶洗浄

実の汚れの洗浄、オリーブの葉などの異物を取り除くため洗浄する場合があります。ネットなどを敷いて、そこ

一時保管する場合は日が当たらず風通しがよい場所に置いておく

カラースケールを調べる

実の洗浄機（ホッパー）

に実を落とすといった収穫方法であれば、必要かもしれませんが、完全な手摘みということであれば洗浄工程は不要と考えています。

⑷粉砕

搾油機に実を投入します。粉砕は実を種ごと粉砕する工程です。粉砕の網目のサイズや粉砕速度を変えることでオイルの質や搾油率に影響する大切な工程ですが、うちの搾油機は速度を変えることはできず、グリッド（粉砕するサイズが網目の大きさで変わるもの）も1つなので現在はコントロールできていません。ここは今後の課題です。

粉砕工程では非常に大きい音がするため、搾油所の立地によっては防音設備が必要な場合があります。また、耳を保護するためにヘッドホンの装着は必須です。

実を粉砕する部分

⑸練り込み

粉砕されてペーストになった実を攪拌して、油の分子どうしをくっつけて大きくしていく工程です。オイルの質と搾油率を変えることができる重要な工程でもあります。練り込みから次の分離に移るタイミングを見極めるのは難しく、毎年試行錯誤している最中です。

練り込みの工程

ペースト温度の目安は23～30℃くらいが適正です。ただし、風味をより多く残す低温圧搾法といわれる搾油方法を選択する場合は、27℃以下をキープしなければなりません。練り込みしていると摩擦と機械の熱によって徐々に温度が上がっていきます。冷却装置が付いていないうちのような機械の場合は、温度を常にチェックして、エアコンで室内温度を下げたり、ペーストタンクを冷水で冷やすなど、温度が上がりすぎないような温度管理が必要です。

実を最初に搾油機に投入してから分離を開始するまでの練り込み時間は、品種や熟度によって大きく変わります。計量・検査データを過去の記録と照らし合わせることで、最適と思われる練り込み時間を割り出します。ただし、それらはあくまでも目安です。実際にペーストの状態を観察して、色、テカり具合、独特の匂いなどで少しでも分離に適した兆候が見えたら早めに分離工程に移ります。遅れると風味が弱くなり、早すぎると油分を分離できずに搾油率が下がります。

(6) 分離

デカンターという機械で、ペーストを油と水分と固形物に分ける工程です。デカンターは高速で回転していて、その中に送り込まれたペーストは回転の遠心力によって、最も重い固形物が外側、次に重い水分が真ん中、軽い油分が最も内側に分離されます。うちの搾油機はデカンターへペーストを送り込む速度の調整と加水が可能です。ペースト送りの速度も過去のデータを参考に決めますが、ゆっくり送ると、油分は確実に採れますが汚れた水分が混ざり、分離時間が長くなることでペーストの質が落ち始めます。早く送ると、汚れた水分は混ざらず、きれいな油分のみ抽出しますが、すべての油分を取りきれず搾りかすと一緒にオイルを捨ててしまうことがあります。常時、出てくるオイルと搾りかすの状態をチェックしながら、送り時間を調整します。

またデカンターに水分を少量ずつ送り込むことが可能です。適量の水を入れることで、水分層が広くなり、油分と水分が分離しやすくなります。また、出てくるオイルがきれいすぎる場合は、油分を採りきれていないので、加水することで、少しでも多くのオイルを採取します。しかし、入れすぎるとオイルが濁ることがあるので、出てくるオイルを見ながら少量ずつ水を加えます。

(7) 清掃

搾油の工程の中で、清掃は非常に重要です。高品質なオイルを製造している加工場は、清潔な環境が保たれています。不衛生な環境で高品質なオイルを製造することはできません。オリーブの実を粉砕し、練り込み、分離させる工程で、搾油機も搾油機を設置して

オイルを分離するため高速回転するシリンダー部分

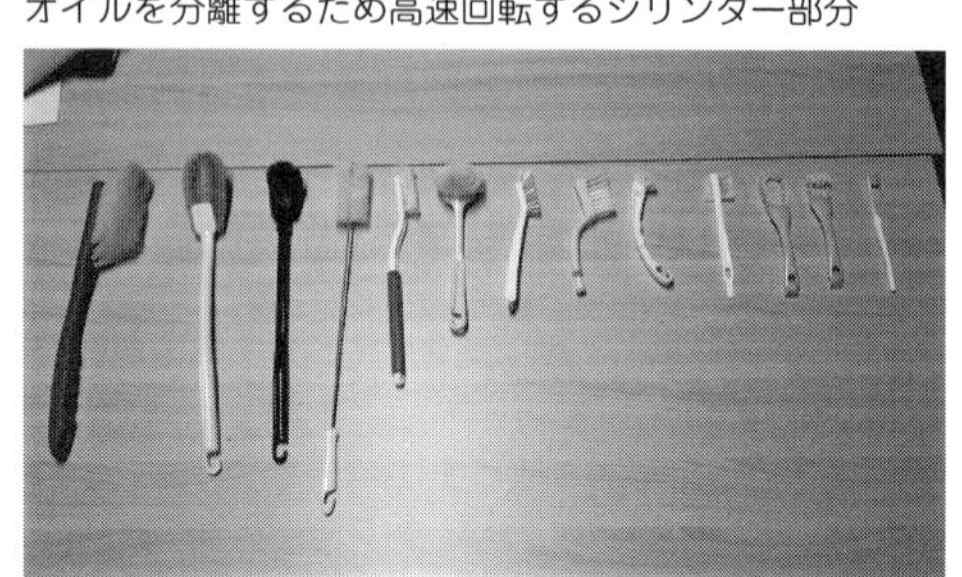

掃除する部分によって最適なブラシを変えてみる

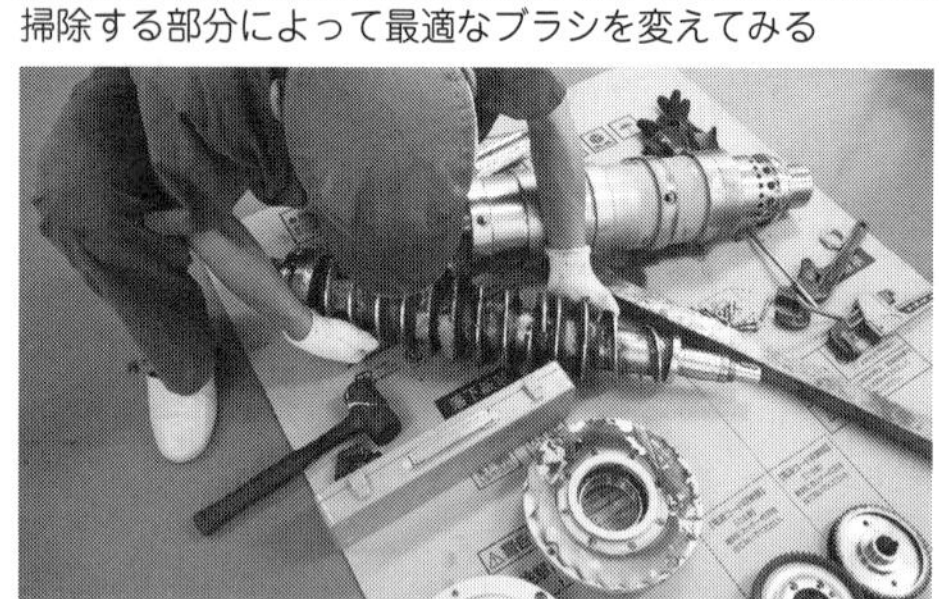

搾油シーズンが終わると搾油機を分解して部品ごとに磨きあげる

いる搾油室も非常に汚れます。油分は、いろいろなところに付着し簡単に取り除けません。また、油は汚れの成分と一緒になって匂いを発します。基本的に、搾油をした日は毎日、必ず洗浄します。うちでは搾油後に毎日2時間は清掃しています。

清掃する箇所は、搾油機と搾油室です。洗浄は基本的には温水で行います。有機JASの加工場の場合は薬剤や家庭用の洗剤などは使用できません。有機JASでなくても、搾油機に洗剤などを使用すると、残留したものがオイルに混入する可能性があるので使用は避けます。

搾油機を洗浄する順は、実を入れる投入口→粉砕機→ペーストタンク→オイルの出口→搾りかす排出口と、上から行い、実の搾油工程と同じです。ホースで温水を流しながら、それぞれの場所に合ったブラシで洗い流します。デカンターは毎日分解できないので、温水を入れて排出される水が澄んでくるまで回転させます。分解できるパーツはすべてレンチを使って外してから洗浄しますが、構造上ブラシが届きにくい部分などもあり、根気よく少しずつ汚れを落としていくしかありません。手間はかかりますが、この作業で手を抜くと、ペースト状のオリーブや汚れた油分が残留し、異臭の元になり、その残留物が次に搾るオイルに混入してオイルの質を低下させます。

搾油機が終わったら次に搾油室の洗浄をします。思いもよらないところまで、オリーブの破片や油が飛んでいます。天井、壁、床、作業台、シンクを温水で洗浄します（ホース、ブラシ、スポンジ、タオルなどを使用）。壁や天井など忘れやすいですが、汚れがそのまま残っていると異臭の原因になります。オリーブオイルは匂いを吸収しやすいので、搾油していないときの搾油室は無臭の状態を維持するようにします。排水溝に設置されているグリストラップ（油脂分離阻集器）が匂いの原因になることもあるので、毎日チェックし定期的に清掃も行います。

すべての搾油シーズンが終わったら最後に、日々の洗浄では完全に落とすことができていない汚れを徹底的に落として搾油機と搾油室を磨きあげていきます。搾油機は、デカンターなど素人では分解できないため、年に1回は必ず外部のプロに洗浄を委託します（食品機械の分解、洗浄、メンテナンスができる業者。できれば搾油機に関する専門知識を持つ業者が望ましい）。

⑻濾過

採れたオイルに明らかに水分が混じって下に沈殿している場合には、搾油後すぐに上の油分のみ容器に移し、残った水分は捨てます。きれいなオイルで1日、水分が混ざっていたオイルで2日ほど、この作業を繰り返します。

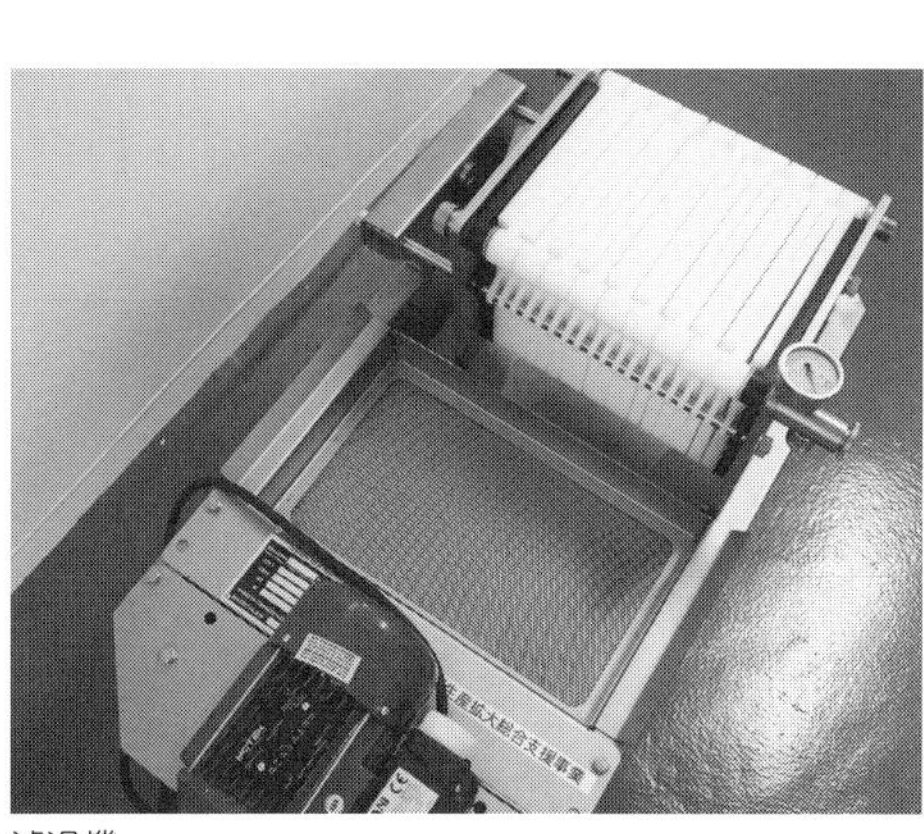
濾過機

1品種の搾油量が多いオイルは濾過機を使用するので、いったん空気を遮断できるタンクに入れて保管します。

搾油量が少ない品種のオイルは濾過機を使用すると、濾過機の濾紙にほとんどオイルを持っていかれるので、漏斗と濾紙を使った自然落下法で濾過しています。自然落下法でのポイントは濾過時間を短くすることです。濾過機と比較すると、どうしても時間がかかるため時間とともに酸化が進みます。漏斗に常にいっぱいのオイルが入っている状態を維持するためマメに注ぎ足します。また、濾過室は紫外線が入らない環境を作ります。紫外線が少ないＬＥＤ照明がおすすめです。

⑼オイルの保管

オイルは専用のステンレス容器で保管しています。専用の容器は、空気と紫外線を遮断することができます。物

ステンレス製のオイルタンク

理的に空気を遮断する容器と、チッソガスなどを充填することで酸素を遮断するものがあります。専用容器の底には排出口があるので、タンクの下のほうに沈殿物が溜まった場合でも下から排出することが可能です。保存中も、沈殿してくる澱を定期的に排出します。澱が混ざっていると、オイル全体の風味が劣化してしまうため、必ず行います。

　また保管庫もしくは保管室は温度管理が大切です。年間を通して15～18℃になるように室温を管理します。充填後の瓶に入ったオイルも同様に保管室で管理します。

⑽充填

　充填する容器は基本的に遮光瓶にします。最近は、ガラス瓶以外でも遮光ができる容器がありますが、遮光できること、酸素が透過しないこと、材質から成分がオイルに溶解しないものであれば大丈夫です。透明の瓶を使用すると紫外線によりオイルの質が低下する時間が短くなります。

　充填の方法ですが、生産量が多くなれば充填機が便利です。しかし、生産量が少ない場合は、漏斗を使って1本1本充填します。ラベルに表示する量を下回るとお客さんの信用を失います。計量器を使用して必ず表示した量以上のオイルを充填します。容器の肩より上までいっぱいに充填することで、空気とオイルが接する面積を減らせます。また充填作業も紫外線を遮断できる部屋で行います。

容器の狭くなった部分までオイルを入れることで空気に触れる面積を小さくする

4
搾油所のレイアウトの一例

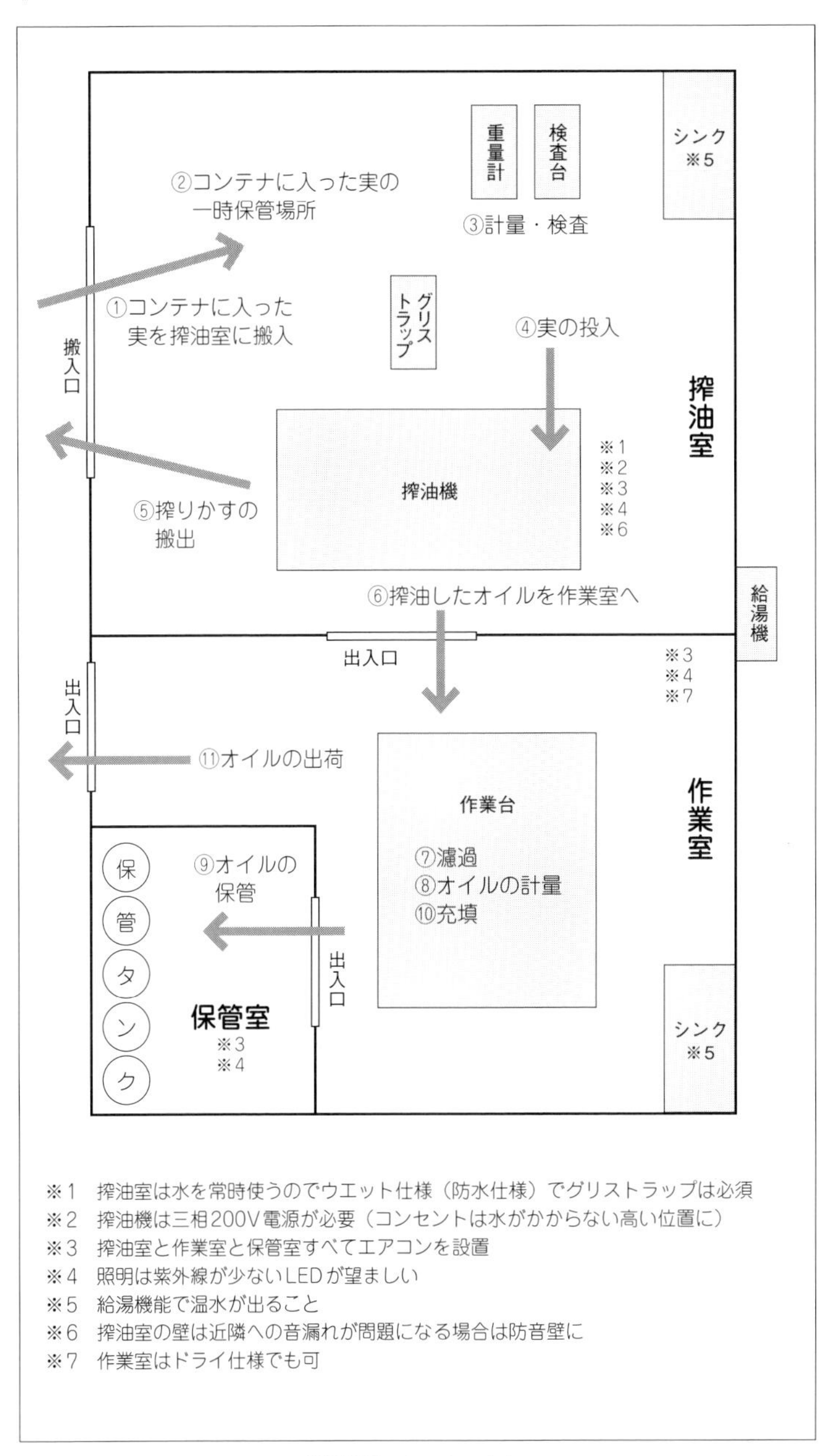

搾油所のレイアウト

5 オリーブオイルの保存方法

搾りたてのオイルの風味を味わってもらうために、オイルを買ってから使う瞬間までどのように保存してもらいたいのか、うちで、お客さんへお願いしているオリーブオイルの保存方法を紹介します。

できるだけ早く使い切る

エキストラバージンオリーブオイルの風味を最大限味わっていただく確実な方法があります。それはできる限り搾りたてのオリーブオイルを購入して、手元に届いたらすぐに全部使い切ることです。オリーブオイルとワインの違いは、ワインは寝かせて時間がたつと美味しくなることがありますが、オリーブオイルは時間とともに酸化して品質は落ちます。つまり、オリーブオイルの賞味期限をキチンとチェックして新しいオイルを買って、買ったらできる限り早く使い切ることが、風味豊かなオリーブオイルを味わう最も確実で簡単な方法です。

紫外線、酸素、高温低温から守る

エキストラバージンオリーブオイルの風味を損なう原因は、紫外線、酸素、温度の3つです。

①紫外線（日光）からオイルを守る

紫外線を通さないようにするために、黒い遮光瓶にオイルを入れています。透明の瓶やペットボトルの容器などは紫外線を透過しますので使用しません。遮光瓶でも完全には紫外線を防げないので、わが家の商品は光を通さない紙製の外箱に入れて販売しています。お客さまには購入後も外箱に入れたまま保管してもらいます。

また、太陽の光が入ってくる明るい窓際などからは遠い場所、棚や食糧庫など外の光が届かない場所に保管してもらいます。照明具のＬＥＤは紫外線を含みませんし蛍光灯に含まれる紫外線も非常に微量なので、太陽光以外はあまり気にしなくても大丈夫です。

②酸素（空気）からオイルを守る

基本的にはガラス製の容器を使っていれば問題ありません。ペットボトルやプラスチック製の容器は酸素を透過するのでＮＧです。またワインのようなコルク栓も空気を通しますので、オリーブオイルにコルク栓は使用しません。その他、瓶は立てて保管します。寝かせているとオイルと空気が触れる接触面が大きくなります。また、開封するとどうしても空気に触れる量が多くなります。開封後はできれば１～２カ月以内に使い切ってもらいます。

③高温、低温を避ける

温度による酸化を早める原因にも３つあります。高温、低温、温度変化です。基本的にはオリーブオイルの最適温は16℃から18℃くらい。人間が快眠しやすい冬の寝室の温度くらいです。家庭で温度管理するときは、もう少し温度の幅があっても構いません。

まず低温に関することです。オリーブオイルを冬場に寒いところに実験的に置いておくと10℃を下回ると徐々に白い粒が見え始め５℃前後で白く固まります。しかし、品種によって２～３℃くらいの誤差があります。できれば10℃以上の室内、最低でも５℃以上になっている場所で保管してもらいます。人間が普通に暮らしているリビングや夜でも気温が下がりすぎない寝室などが適しています。もちろん冷蔵庫には入れずに常温管理です。ちなみに、室温が下がりすぎてオイルが固まっても、室温でゆっくりと溶かせば、酸化はほとんど進みません。冷蔵庫に入れて固めたり溶かしたりを繰り返したり、溶かすときに湯煎するなどの高温にすると酸化が急速に進みますので、もし固まっても焦らずにゆっくり室温で溶かせば問題ありません。

次に高温です。オリーブオイルは30℃を超えると酸化の速度が上がります。ですので、火を使うレンジの近くや温水が近くを流れる流し台の下などはＮＧです。夏場でも、人間が快適に過ごせる室温のリビングなどで保管すれば大丈夫です。人間が暑くて不快に感じる温度とオリーブオイルの酸化が進む温度はおおむね同じです。温度が一定していて少しひんやりする場所を探してもらいます。案外床下のスペースなどは温度変化が低いことがあります。

ちなみに、もし酸化して風味が弱くなったとしても、臭くなければオリーブオイルは食べられます。賞味期限が切れていても同様に匂いがおかしくなければ大丈夫です。炒め物や贅沢に天ぷら油として使えます。エキストラバージンオリーブオイルにはオレイン酸などが含まれており、加熱しても体に有害な過酸化脂質が生まれにくい油です。

コラム

フレーバーオイルとの出会い

小豆島でオリーブを育て始めた頃、初めてフレーバーオリーブオイルというものに出会いました。レモンの香りがするオリーブオイルで、最初に爽やかなレモンの香りがした後に、オリーブのピリッとした辛みが感じられました。アイスクリームにかけると、さらにオリーブのコクのようなまろやかさも加わって、甘いものにオリーブオイルが合うというのも驚きでした。いつか自分も、こういうオイルを作ってみたいと思い、オリーブ畑の片隅にレモンとベルガモットの苗木を植えたのが始まりです。

初めて実ったベルガモットの実

それから6年、ベルガモットに実がつき始めます。紅茶のアールグレイに使われるベルガモットの華やかな香りがするフレーバーオリーブオイルが試行錯誤の末、出来上がりました。搾りたてのベルガモットオリーブオイルをアイスクリームにかけて食べたときの感動は今でも忘れられません。その後、誰も作っていなかった、和食に合うフレーバーオリーブオイルを思いつきます。いつもの湯豆腐やおでんやお鍋にかけると、パッと風味が変わって楽しくなる、そんなフレーバーオイル。日本の柑橘類の香りがする、ゆずオリーブオイルやすだちオリーブオイルを、少しずつ商品化しています。

搾油室にベルガモットの香りが広がるベルガモットオリーブオイル

僕らのような小さいオリーブ農家が目指すのは、オリーブの実だけで搾った風味豊かなエキストラバージンオリーブオイルです。オリーブの実だけを搾ったのに、果物のような香りがするエキストラバージンオリーブオイルを搾るのが本来の目標です。フレーバーオリーブオイルというのは、オリーブの実以外も使うので、エキストラバージンオリーブオイルではありません。なので、自分の技術を高めて本物を追求していくオリーブオイル道というものがあれば、フレーバーオリーブオイルは、少々脇道的なオイルです。

　しかし、オリーブ畑で、ベルガモットやゆずの木を育てていると、まったく違う虫たちが集まり、当たり前ですがオリーブの実とは違う、甘酸っぱい実がつきます。オリーブだけでは、気付かなかった栽培のヒントを思いつくことがあります。オリーブと一緒に搾って、オイルを飲んでみると、オリーブの苦みとすだちの苦みは口の中の違う部分で感じていること、ルッカのフルーティーな香りと、ベルガモットの香りを感じる瞬間に時間差があること、いろいろなことに気付きます。脇道ではあるけれども、いつもと少し違うオリーブオイルを作ることで、多くの発見があります。これからもオリーブ畑でいろいろな香りがする植物を育ててみようと思います。バラの香りがするオリーブオイル、いちご、バナナ、ぶどう、コーヒー、バニラ……どんなフレーバーになるでしょう。

コラム

オリーブ農家のテッパンレシピ

　オリーブ農家だからこそできる、オリーブオイルの贅沢な楽しみ方があります。うちでは品種やフレーバーごとに毎年10種類以上のオリーブオイルを作っています。どのオイルも自分が苗木から育てて搾ったオイルなので愛着があります。愛着はありますが、どうしても好きなオイルもあれば苦手なオイルもあります。いわゆる相性というか好みの問題。この好みは僕と妻ではまったく違います。2人とも苦手というオイルは問題ですが、どちらかが好きでどちらかが苦手というオイルは風味がはっきり出ている個性的なよいオイルと考えてもよさそうです。その個性的なオイルを使ったレシピベスト3を紹介します。

①ルッカたっぷりシラス丼

　僕が個人的に一番好きなオイルはルッカという品種のオイルです。この品種はフルーティーな香りが特徴なのですが、僕がルッカを好きなのは、フルーティーさではなく、なぜか炊き立ての白いご飯

搾りたての無濾過のオイルをたっぷりかけて食べるシラス丼

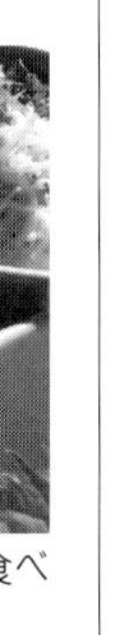

に合うという点です。たとえばミッション種のオイルをご飯にかけても美味しいのですが、ミッションをご飯にかけるとパエリア寄りになるというかイタリアン感が出てきます。それはよいことであって悪いことではないのですが、ルッカは不思議とそういう主張をせず、ただ静かにご飯を美味しくし、シラスの旨みや、大葉の爽やかさを引き立ててくれます。そこが好きです。うちでは収穫期の中頃になると、搾りたてのオイルをアルバイトの皆と一緒に試食します。そのときの定番レシピがルッカたっぷりシラス丼です。これを食べると今年も収穫ができてよかったとしみじみ思います。

②バニラアイスクリーム＆ベルガモットオリーブオイル

ベルガモットオリーブオイルは、収穫シーズンの最終週あたりに搾るフレーバーオイルです。甘いものは苦手でお菓子などもほとんど食べませんが、一年で一番ハードな繁忙期のこの頃になると、心身ともに疲労が全身に蓄積し、不思議と体が甘いものを求めるようになります。搾油機から出てきたばかりの新鮮な黄身色をしたベルガモットオリーブオイルをバニラアイスクリームの真ん中に注ぎ入れて食べることを楽しみにしています。アイスにオリーブオイルのコクやまろやかさ、ベルガモットの爽やかな香りが加わり、贅沢な味わいになります。1年で1回だけの食べ方です。

アイスクリームにフレーバーオイルをかけて食べると新しい発見がある

③搾りたてのレッチーノの一滴

10本のレッチーノの苗木を植え、毎日世話をし、搾油するまで6年かかりました。レッチーノのオイルはコクがあって辛みもきいて、本当に美味しいオイルでした。しかし、レッチーノが何より美味しいオイルということではありません。去年、初めて飲んだフラントイオのときも同じ感動を味わいました。苗木を植え、土を育て、木を育て、どんなオイルが生まれるのかを想像しながら何年も待って、最初の一滴が生まれる。どんなオイルでも感動します。そのときだけは、風味がどうとか好き嫌いだとか、そんなことは、どうでもよく、育ってくれたオリーブと育ててくれた小豆島の自然に感謝です。そして、多分、自分で搾油することができるオリーブ農家の一番の醍醐味がこの瞬間です。

レッチーノ種の最初の一杯

第5章

オリーブオイル以外の加工品

1 家庭でできるテーブルオリーブとオイル作り

実を渋抜きして美味しく食べる

秋になると、黄色や赤に色づいて、見るからに美味しそうなオリーブの実。その実を初めてかじったとき、あまりの渋さに体が震えました。この渋みの成分はポリフェノールの一種でオレウロペインやオレオカンタールという成分。オリーブの実をそのまま食べることを難しくしていますが、人間の体にとっては抗酸化作用など有用な成分です。ですので、渋抜きといっても完全に渋を抜いてしまうと体によい成分は減ってしまう、ということを理解した上で、どの程度渋を抜くかということが大切になります。

通常、日本ではオリーブの油分を抽出してオリーブオイルにするか、苛性ソーダを使って渋を抜き塩水に漬け込んだ塩漬けにするか、どちらかに加工しています。オリーブ農家になったばかりの頃は収穫量も少なかったので搾油機を買うわけにもいかず、かといってせっかく有機栽培で育てた実を最後に苛性ソーダで渋を抜くことに抵抗があり、何とかそれ以外の方法で渋を抜いてオリーブの実を美味しく食べる方法はないか試行錯誤しました。その中で比較的うまくいった方法のいくつかを紹介します。

①重曹水を使う

難易度★★★

手間はかかるがフレッシュなサラダ感覚のオリーブの風味を楽しめる方法。

[準備するもの]

・オリーブの生の実
・食用の重曹

重曹水で渋を抜いたオリーブの塩漬け

・塩
・オリーブの種抜き器
・ガラス瓶

[作り方]

1. ガラス瓶に水を入れる
2. 種抜き器でオリーブの種を抜く
3. 種を抜いた実をそのままガラス瓶の水の中に落とす

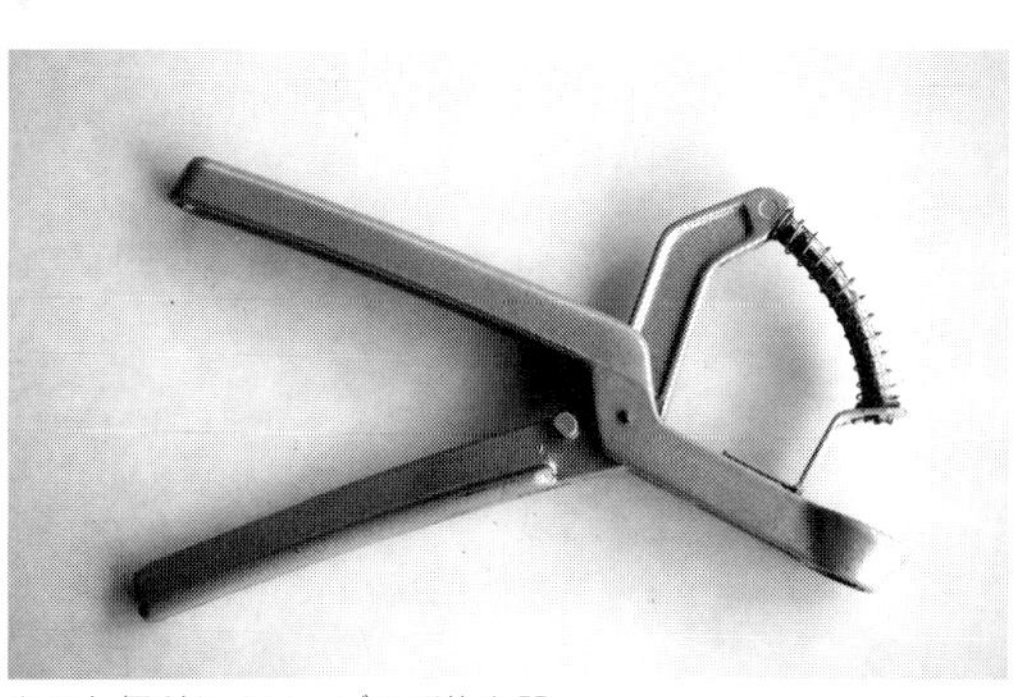
あると便利なオリーブの種抜き器

4. 水の重量に対して3%の重曹水になるように重曹を混ぜる
5. 1日1回重曹水を取り替える
6. 気温やオリーブの熟度によって前後するが、おおむね10日前後で渋が抜ける
7. 実をかじってみて好みの渋の濃さになったら1%の塩水に漬ける。2日目は2%、3日目は3%というように、徐々に塩分濃度を上げていく
8. 好みの濃度の塩水になったら完成(目安は4%くらい)
9. 冷蔵庫に保管し2カ月以内に食べる

※長期保存したい場合は塩分濃度を6%くらいまで上げます。
※最初から濃い塩水に漬けると実が委縮して塩水が染みにくいので、面倒でも塩分濃度は徐々に上げてください。

[工夫]

・オリーブの実は、空気に触れる時間が長いほど、秒単位で緑色から茶色に変色します。緑色の塩漬けを作るためには空気に触れないように作ることがポイントです。
・1日に1回、瓶の中の実を攪拌することで渋抜けのムラを少なくできます。
・オリーブの皮が気になる場合は食べる前に熱を加えると軟らかくなります。料理などで熱を通すと、ほとんど気になりません。

②塩漬けにする

難易度★

塩をまぶして置いておくだけの最も簡単な方法だが、塩や実の品種の組み合わせなどにこだわると楽しい。

[準備するもの]

・オリーブの生の実
・塩

・オリーブの種抜き器
・ガラス瓶

[作り方]

1．オリーブの種を抜く（種を抜いたほうが早く渋は抜けるが抜かなくてもOK）
2．実の重量の1～2割程度の塩と実をガラス瓶に入れてざっと攪拌する
3．暗所に保管する
4．気温やオリーブの熟度によって前後するがおおむね3カ月前後で渋が抜ける

[食べるときの工夫]

・塩味がきいた食材として、そのまま料理に入れて使えます。
・フードプロセッサーにかけてオリーブペーストにしてから料理に使うこともできます。
・そのまま食べる場合は塩抜きをしてください。真水ではなく薄い塩水に浸けると塩気が抜けやすくなります。塩水に漬けて冷蔵庫に入れておくと3日～1週間程度でほどよく塩が抜けます。
・岩塩や海塩など塩にもこだわると多彩な塩漬けが楽しめます。

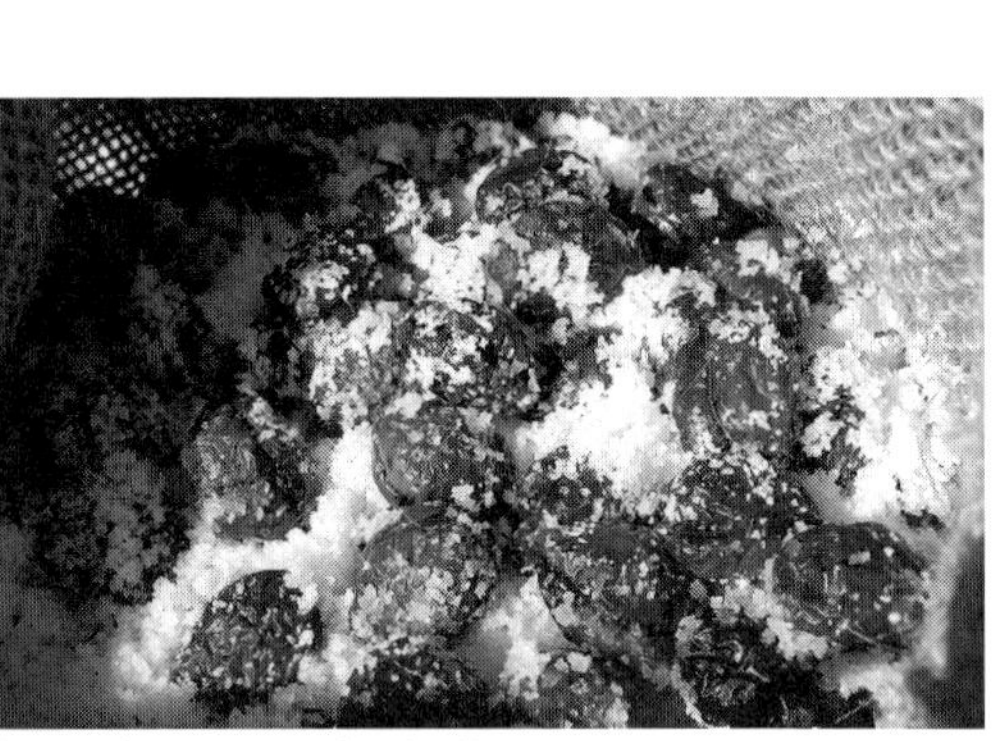
塩をまぶしてオリーブの渋を抜く

③水に浸ける

難易度★★★★★

2カ月ほど毎日、水を替えて徐々に渋を抜くシンプルな方法だが、手間がかかる上に失敗しやすく難易度最高クラス。

[準備するもの]

・オリーブの生の実
・水
・オリーブの種抜き器
・ガラス瓶もしくはバケツと落とし蓋

[作り方]

1．実はグリーンでもブラックでもOK。ブラックのほうが早く渋は抜ける
2．種を抜いたほうが早く渋は抜ける
3．空気に触れないように実を水に浸す。気温にもよるが毎日、水替えする
4．空気に触れたり、気温が高かったり、水替えを忘れるとカビる
5．できるだけ低温に保つため室内で

はなく日が当たらない外に置いておく（もしくは冷蔵庫に入れる）

6．渋が抜けるまでは最低でも数カ月かかる。渋が抜けたら好みの濃さの塩水（4～6％）に入れて冷蔵庫で保管する

※ちょっと水替えを忘れたり、雑菌が入ったり、気温が上がったりすると実にカビが発生し腐敗が始まります。

水だけで渋を抜いているオリーブの実

[食べるときの工夫]

渋が抜けたらハーブなどを入れていろいろな風味が楽しめます。

④塩水に漬ける

難易度★★

半年ほど塩水に浸すだけの手軽な方法だが案外美味しいのでオススメ！

[準備するもの]

・オリーブの生の実
・塩水（塩分7～10％）
・ガラス瓶もしくはバケツと落とし蓋

※シンプルな方法なのでオリーブの品種によって風味がまったく違います。

[作り方]

1．実はグリーンでもブラックでもOK。ブラックの方が早く渋は抜ける

2．空気に触れないように実を7～10％程度の塩水に浸し、冷蔵庫に保管する（種抜きは不要）

3．空気に触れたり、気温が高かったりするとカビるので、たまにチェックする

4．渋が抜けるまでは半年以上かかる

5．渋が抜けたら薄めの塩水に入れて塩抜きをする

[食べるときの工夫]

塩水に漬け込んだオリーブの実

・塩味がきいた食材として、そのまま料理に入れて使えます。
・そのまま食べる場合は塩抜きをしてください。真水ではなく薄い塩水に漬けると塩気が抜けやすくなります。塩水に漬けて冷蔵庫に入れておくと3日～1週間程度でほどよく塩が抜けます。

⑤ワインに漬ける

難易度★★

超簡単。1年ほどアルコール類に漬けるだけでオリーブの実を楽しめるお菓子ができる。実はブラックのほうがまろやかで美味しい。

[準備するもの]
・ブラックオリーブの生の実
・赤ワイン
・ガラス瓶もしくはバケツと落とし蓋
・メープルシロップ（もしくは蜂蜜）

赤ワインで渋を抜いたオリーブの実

[作り方]
1. 空気に触れないように実を赤ワインに浸して冷暗所に保管する
2. 空気に触れた部分はカビが発生するので、実が赤ワインで全部漬かるようにする
3. 渋が抜けるまでは最短でも半年～1年ほどかかる

※赤ワインの代わりに白ワイン、ホワイトリカー、ブランデー、焼酎やウオッカなども試しましたが、それぞれのお酒の風味を楽しめました。渋が抜けるまでの期間はお酒の種類によって変わりますが、好みのお酒でチャレンジしてみてください。

[食べるときの工夫]
・赤ワインを捨てて、その後メープルシロップや蜂蜜に漬けると美味しいです。
・お菓子の材料にしたりアイスクリームやヨーグルトに載せて食べたりしています。

⑥日本酒に漬ける

難易度★

日本酒の麹菌によって半月程で渋が抜けオリーブの養分が移ったポリフェノールたっぷりのオリーブ酒に。

[準備するもの]

・ブラックオリーブの生の実
・日本酒
・ガラス瓶

[作り方]
1．実は赤い色素が多く出るブラックのほうがきれい
2．実のポリフェノールが移った日本酒を飲むので実の種は抜かなくてもＯＫ

日本酒に漬け込むとオリーブの赤いポリフェノールが溶け出してくる

3．ブラックオリーブを日本酒に浸す
4．１週間くらいで日本酒が鮮やかな赤色に染まり始める
5．２週間もすればお酒にオリーブの風味が移っているので、そのお酒を飲む

[食べるときの工夫]
・日本酒は冷(ひや)でも燗(かん)でも美味しいです。
・うちでは風邪のときに飲みます。効いている気がしますが実際はわかりません。
・漬かった実は風味が抜けて、特に美味しくはないです。
※同じ麹菌の味噌でも渋は抜けます。種を抜いた実を味噌漬けにしてタッパーに入れておくと2週間ほどで渋が抜けます。奈良漬けのような不思議な味の和風テーブルオリーブができます。

⑦干す

難易度★★★

完熟したブラックオリーブを塩で水分を抜いた後、陰干しするだけでオリーブ特有の油の旨みが感じられる素朴な味に。

[準備するもの]
・ブラックオリーブの生の実
・塩
・麻袋
・ザル

[作り方]
1．皮に傷を付ける（包丁でぐるりと一周切るかフォークなどで10カ所くらい穴を開ける）
2．たっぷりの塩と一緒に麻袋に入れる（麻袋の代わりに粗めの布に入れて口をヒモで縛ってもいい）
3．雨がかからず風通しがいい場所に吊るす。下に水が垂れるのでバケツなどを置く
4．１週間～10日ほど待つ。渋が抜け

完熟したブラックオリーブをたっぷりの塩と一緒に麻袋に入れる

ていればOK

5. 塩を洗い流しザルに広げて日陰で干す

6. 天日干しにする場合は半日程度でOK。長く干しすぎると香ばしくなりすぎる

7. 好みの硬さまで干す。干す時間が短ければ半生、長く干すとからから干し

8. 半生の場合は冷蔵庫で保管し早めに食べる。からから干しだと常温で半年くらい保つ

[食べるときの工夫]

・酒の肴です。

・うちでは夏にビールのつまみとして食べています。

⑧焼く

難易度★

完熟したブラックオリーブを塩で炒めるだけ。オリーブ特有の渋みも楽しむ。

[準備するもの]

・ブラックオリーブの生の実

・塩

・フライパン

[作り方]

・フライパンで生の実を炒めて、ぱっと塩を振りかければ出来上がり。塩の量はお好みで

完熟したブラックオリーブをフライパンで炒めるだけ

※基本的には熱を通しても渋みは抜けない。完熟して渋みが減ったブラックオリーブを使うことで、ほのかな渋みとオリーブの旨みを一緒に楽しめます。

※渋みは収穫する時期による熟れ具合と品種に左右される。うちでは12月に収穫し損ねたルッカを使うか、黒くなっ

たハーディズ・マンモスを使います。ハーディズ・マンモスはもともと渋みが少なく実が大きい品種なので、実をそのまま食べるのに適しています。

［食べるときの工夫］

・酒の肴です。
・収穫の山場が終わった12月に酒の肴として楽しみます。

⑨完熟させる

難易度☆

野鳥が好む、ほのかな甘みが感じられる完熟ブラックオリーブ

真っ黒に完熟した実をそのまま食べるとオリーブのほのかな甘みが感じられる。

［準備するもの］

・オリーブの生の実（完全完熟）

［作り方］

・完熟するまで木の上に生らせておく。野鳥が生っている実をそのまま食べ始めたらＯＫのサイン

※品種にもよるが、完全に熟したものなら、生のままかじっても食べられる程度の渋みで、ほのかな甘みが感じられます。

※うちでは渋みが少ないルッカを食べます。

※オリーブの実を収穫せずそのまま生らしていると木にとってはストレスです。できれば年越しの実は少量にしてやります。

⑩苛性ソーダを使う

難易度★★★

国内のほぼすべてのオリーブの塩漬けは、この方法で作られている。薬剤の取り扱いに注意が必要。

［準備するもの］

・バケツ
・ホース
・落とし蓋
・苛性ソーダ
・ビニール手袋
・塩

［作り方］

1．前処理として、ヘタはきれいに取り除く。除いておかないと苛性ソーダ水が沁み込みにくくなって渋が残るので注意。種抜きは不要
2．苛性ソーダ水（濃度1・8％）に収穫したばかりの実を入れる
3．実が空気に触れると茶色く変色す

るので落とし蓋をする。ただ数時間したら実はバケツの下に沈んでいく

4．2時間ごとに軽くかき混ぜる。苛性ソーダ水は皮膚を溶かすのでビニール手袋は必須

5．ソーダ水がだんだんコーヒー色になってくる

6．8～12時間ほど漬ける。実の軟らかさやサイズ、水温によって渋が抜ける時間が変わる。8時間くらいしたら実を切って種のところまでソーダ水が沁みているかチェックする

7．渋が抜けたらホースをバケツの底に入れて真水を流し入れる

8．いったん透明になったら落とし蓋。茶色の濁りがなくなるまで2～3日程度は朝昼晩と3回水を替える

9．完全に茶色の濁りがなくなったら塩水に漬ける。初日は1％の塩水、2日目は2％、3日目は3％。これくらいで食べられるが長期に保存したい場合は6％くらいまで上げる（塩水は1日1％ずつ上げていくこと）

種のまわりに薄皮くらいの染みていない部分を残すのがジャストタイミング

※苛性ソーダ水は強アルカリ性なので、そのまま排水することはできません。必ず酢（薬局で販売している酢酸もしくはその10倍量の食酢）を混ぜて中和してから排水してください。苛性ソーダ水に少量ずつ酢酸を加え、リトマス試験紙を使っておおむねpH7（中性）になったことを確認して排水します。

オリーブオイルを手搾りする

難易度★★★★

成功するコツは完熟した実を使うことと、油分率が高い品種を使うことと、あきらめないこと。

［準備するもの］

・できるだけ熟したオリーブの実
・ジップロック（厚めの袋でも可）
・漏斗もしくはコーヒーのドリッパー
・キッチンペーパーもしくはペーパーフィルター
・ガラス容器
・スポイト

［作り方］

1．実をジップロックに入れて袋の上

からつぶす

2．がんばって1時間くらい揉み続ける。手の体温が伝わって実が温まるくらい揉んでいると、袋の端のほうに黄色いオイル状の液体が見え始める

これくらい真っ黒に完熟すると手搾りの成功率が上がる

3．ガラス容器にキッチンペーパーを敷いた漏斗を差し込み、その中に揉み込んだペースト状の実を入れる。しばらく待つと、水分と油分がガラス容器に落ちていく。実を詰め込みすぎると、液体が詰まってしまい落ちない

4．半日から1日くらい置いておくと油分と水分が分離していく

5．上にある油分だけをスポイトで吸い取り完成

［手搾りを成功させるコツ］

・完熟した真っ黒の実を使うこと（油分率が低い緑色の実からオイルを手搾りすることはとても難しいです）

・できれば油分率が高い品種のほうが成功率は高いです（小豆島の品種だとルッカが成功しやすくミッションは難しい）。

・とにかく揉み続けること。楽をしようとしてミキサーなどを使うとほぼ失敗します。温かい手で揉み続けること、それが手搾り成功の秘訣。

・部屋は暖かくした方が、オイルが採りやすいです。

・5％くらいのオイルが採れたら成功です。

コラム

ハマキムシを食べて気付いた酵素のこと

　オリーブの実は濃い緑色から黄緑色、黄、赤、紫、黒と熟れるにしたがって渋みが減っていきます。緑色の実は、虫や鳥たちに食べられないよう、とても渋みが強いのですが、そんな渋い実を平気で食べる虫がいます。それがハマキムシ。

　葉巻虫というくらいですから普段はオリーブの葉を巻いて隠れ家にしつつ、その葉を食べているのですが、実が生ると葉から下りてきて数個の実が重なったところを家にしてその家を穴だらけにしてしまいます。絵本の『はらぺこあおむし』はかわいいですが、オリーブ農家としては収穫目前のピカピカの実をいくつも糞だらけにしながら食べ散らかすハマキムシは、あまりかわいくありません。

つぶすと甘いオリーブの香りがするハマキムシ

　しかし、他の虫が食べない渋いオリーブの実をハマキムシはなぜ大好きなのでしょうか。渋くないのでしょうか。不思議だったので、オリーブの実を食べて丸々に太ったハマキムシを生のまま食べてみました。すると不思議、まったく渋くなくてまろやかなオリーブの甘い味だけしかしません。

　ここからは想像なのですが、ハマキムシのお腹の中にある消化酵素がオリーブの渋みの成分を分解したようです。もしかすると生のハマキムシをたくさん食べると、その酵素をお腹に取り込むことができて人間である僕もオリーブの緑色の実をむしゃむしゃ食べられるようになるかもしれませんが、今のところオリーブ以外にも食べ物があるので、やめています。

　苛性ソーダなどの強い薬剤を使わずに、日本酒や味噌などの麹菌や、納豆菌、乳酸菌などによる発酵によっても渋みを抜くことができます。これからの日本でのオリーブの実の新しい食べ方のヒントがハマキムシの消化の不思議にあるような気がしています。

2 オリーブ茶の可能性と作り方

葉に含まれるポリフェノールに高い機能性

オリーブオイルは体によいポリフェノールを含むことが知られていますが、じつは、オリーブの葉にもオリーブオイル以上に豊富なポリフェノールが含まれています。

特にオリーブの葉に多く含まれているのがオレウロペインというポリフェノールです。オレウロペインは抗菌作用や抗ウイルス作用、抗酸化作用に優れ、血圧を下げたり、免疫機能を高める効果があるといわれています。海外では、その成分を凝縮したものを医薬品やサプリメントとしても利用しています。オリーブ茶を継続して飲むことで、生活習慣病予防などの体質改善や美容効果も期待できるといわれています。

オレウロペインは苦み、渋みの成分でもあります。オレウロペインが強すぎると飲みにくいお茶になりますが、苦みを完全になくすとせっかくのオレウロペインが摂れません。体によく、ほどよい苦みがありながらも香りよく美味しく飲めるオリーブ茶が求められています。

体を健康にするために飲むオリーブ茶ですから体にあまりよくない農薬を一緒に飲んでしまうのは残念です。できれば、オリーブ茶を作る木だけでも農薬を使わないで栽培することができないか挑戦してみたらどうでしょう。

また、実を収穫するだけなら使える農薬でも、オリーブ茶として葉を原料にする場合には、使用できる農薬が限られるので注意が必要です。

葉色の濃い若葉を収穫

わが家の場合、葉色の濃い春から秋に収穫しています。枝葉を枝元から剪定バサミで切って収穫します。美味しくて体によいお茶を作るには、緑の発色がよくて形が美しい葉を選んでください。きれいな葉ほど雑味がなくて、すっきりした風味になります。

収穫した枝葉から葉をハサミで切り離します。手でこそげ落とすのは、あまりおすすめできません。葉と枝をつなぐ軸に枝の皮がくっついて混じってしまうと雑味のもとになるからです。雑味が少なくすっきりとしたお茶にするためには、前年に伸びた新梢に付いた若い葉のみを使います。風味がよく雑味が少ないのが特徴です。見分け方はわき芽が付いている枝です。枝元に近い青くて丸い形の葉は、去年実が付いていた葉で、今年のうちに散ってしまいます。葉が丸まって硬くなっているのが特徴で雑味がします。

お茶には写真の「若葉」部分（前年に伸びた若い葉。香り、味がよい）を使う

オリーブ茶の作り方

①緑のきれいな葉を枝から切り離し、軽く汚れを洗い落とす

②洗った葉を湯通し、もしくは蒸す

③湯通しした葉を干しカゴや竹ザルなどに広げて干し、カラカラになるまで乾かす（指で簡単にパキッと割れるくらいまで）

※食品乾燥機があればぜひ使用してください。短時間で乾燥させることができるので風味をより高く保つことができます。

クセがなく、香ばしい焙煎オリーブ茶も

オレウロペインの健康効果は期待したいけれど、どうしてもオリーブの葉特有の風味が苦手という人は、乾燥させた茶葉をホットプレートなどで焙煎してみてください。苦み、渋みが和らいでほうじ茶のような香ばしいお茶になります。温度調整ができるホットプレートなどを使い、150℃以下の温度で、温度を確認しながらゆっくり焙煎してください。

風通しが良い日陰に干す

3 小さい農家ならではのオリーブ加工品

オーガニックスキンケアオイルも開発

オリーブは、オリーブオイル、塩漬け、オリーブ茶以外にも多くの用途があります。うちでは、独自ブランドでオリーブオイルを使ったオーガニックスキンケアオイルの企画販売をしています。また、オリーブオイルは良質な植物性のオイルとして需要が高く、さまざまな加工品や健康食品、化粧品などの原料として多くの問い合わせをいただきます。

また、最近はオリーブの葉やオイルを搾った後の搾りかすなどの活用も盛んになってきており、今後のさまざまな商品化の可能性が期待できます。

小さい農家の強みはスピード

小さな農家のメリットの1つに新商品開発のスピードがあると思っています。会社員時代に携わった新規事業の立ち上げでは、何百枚にも及ぶ企画書作りやプレゼン資料作り、マーケット調査、会議、プレゼン、根回しと延々と続き、その事業がスタートを切るのは、最初のアイデアから3年がたっていたりしました。しかも、多くの関係者との調整の末にできたものは最初のアイデアとは似ても似つかぬものなんてことが普通に起こりました。

しかし、これが夫婦2人だけの小さい農家になると、思いついた翌日には事業スタートです。妻にだけ相談し、企画書もプレゼンも会議もナシ。たとえば、オリーブオイルを使った化粧品の香りに変化を持たせたらどうだろう、というアイデアを思いつけば、その日のうちにネットでバラの苗を買って、3日後にはオリーブ畑に植えてしまい

ほとんど流通していない希少な「食べられる国産有機バラ」

ます。植えてから、有機栽培でバラを育てることが、こんなに大変なのかと少々後悔しながらも、それでもダメ元で植えてしまえば、たくさんの本を読むより早くいろいろなことがわかります。2年後には、日本では、ほとんど生産されていない食用有機バラ、いわゆるエディブルフラワー（食べられる花）の販売を自分のネットショップで始めました。

会社員時代に経験的に学んだことは、どれだけ時間とお金をかけても、売れて利益が出せる商品を作り出すことは、とても難しいということです。元も子もない言い方をすると、当たるも八卦当たらぬも八卦みたいな運の世界というのが実感でした。運だけなら、とにかく損しないような小さな掛け金で何度もサイコロを振り続けるしかありません。誰に気兼ねすることもなく、お金はかけずに小さく始めて、失敗したらすぐに次にいきます。

バレンタイン用に開発したカカオオリーブオイルは、風味にムラがあり、製造中止に

また、商品開発以外にもスピードは大切です。たとえば、昨今のオリーブオイルの人気は健康ブームに支えられています。この健康志向が、すぐに終わるとは思いませんが、国産オリーブオイルの信頼が揺らぐような事件が起こる可能性はゼロではありません。関税がかからないオリーブオイルは常に海外のオイルと競争しています。これまで以上に海外から良質で安価なオイルが大量に入ってきます。そんな中で、消費者が求めるオリーブオイルもどんどん変わっていきます。今人気がある早摘みのスパイシーな品種から、マイルドで甘い品種に人気が移るかもしれませんし、海外からの食品の輸入が何らかの事情で難しくなれば、風味うんぬんではなく、ともかく油を少しでも多く搾ることが求められるかもしれません。オリーブ自体の需要がなくなってしまうことだって可能性としてはあります。

そうなったときに、変われるかが生き残る鍵になります。スピードを持って、いかにスピードを持ってどんどん変わっていく、小回りが利く小さい農家でありたいと思います。

コラム　実生のオリーブを育ててみる

　春先になると、オリーブ畑のあちこちに小さな肉厚の双葉の芽が出てきます。オリーブの種から芽を出した実生のオリーブです。そのままにしておくと、畑を覆う日本在来の草花との競争に負けて、秋頃には姿を消していきます。そこで、オリーブの双葉を見つけたら、小さな畑に移すことにしました。また、カラスの糞に混じっている種を播いてみたり、シロップ漬け作りのときに出る、ブラックオリーブの種を播いてみたり、そうこうしているうちに、どんどん実生のオリーブが増えて、今では３００本を超えて管理ができないくらいになっています。

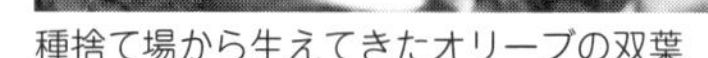
種捨て場から生えてきたオリーブの双葉

　オリーブは普通、挿し木で増やします。挿し木で増やしたオリーブの遺伝子は、挿し木を取った元の木と１００％同じです。たとえば、ミッションという品種は１００年以上前にアメリカから日本にやってきたオリーブの品種で、小豆島で栽培が広がり今ではそこらじゅうにたくさんのミッションが育っています。アメリカのミッションも、うちの畑にあるミッションも遺伝子的に１００％同じミッションです。

　しかし、実生は違います。オリーブは違う品種の花粉がめしべに飛んできて受粉し、まったく新しい品種の種ができます。つまり、ミッションの木になっている実から芽が出た子どもはミッションではありません。人間にクローンがいないように、世界に１つだけの遺伝子を持ったオリジナルのオリーブということになります。なので、１本１本葉の形や樹形が違うものになります。世界で、ただ１つだけのオリーブの芽が出て、実がたくさん生れば、自分の名前を付けた新しい品種のオリーブをこの世界に残すことができます。

　そこで、オリーブを種から発芽させる一番カンタンな方法を紹介します。

　その辺の畑の片隅に、そこらに落ちている実をポイと播くだけです。果肉は付いていても付いていなくても、尖った部分をペンチで切らなくても、季節はいつでも、適当にその辺にまく。何もしません。そして播いたことを忘れてしまいます。そうすると、忘れた頃に、勝手に芽が出ています。植物の種というのは、条件が合えば勝手に芽が出るように神様が作っています。余計なことはせずに、ある日、庭の片隅に生えてきたオリーブの木を見つけて驚きましょう。

しかし、残念ながら実生のオリーブのほとんどは、実をあまり付けません。本来の野生のオリーブのように少しだけ実をつけるものがほとんどです。そんなオリーブの中から、稀に実をたくさんつける木が見つかって、人間が収穫用の果樹として挿し木で増やしたのが、品種名があるオリーブです。

芽が出て３年目でたくさんの実を付け始めた実生オリーブの実

ちなみに、うちの３００本のオリーブの中で、実をたくさんつける実生の木が３本だけありました。世界に1つしかないオリジナルの品種です。この３本は、芽が出てから3年から5年くらいで実をつけるようになりました。確率１％の３本ですが、芽が出てから成木になって安定的に実が収穫できるかどうかわかるまで10年くらいはかかります。その実が美味しかったら挿し木で増やして、その木からある程度の量を収穫するまで、もう10年くらいでしょうか。

種を播いて、オリーブの新品種の名付け親になるまで最短で20年。畑一面に、風に揺れるその木を眺めながら、搾りたてのオリーブオイルを味わうことができたら幸せでしょうし、そうならなくても、まあそれはそれで構いません。20年というのは人間にとっては長いですが、千年、二千年生きてミッションのように世界中を旅するオリーブにとっては、一瞬のできごとでしょう。

コラム

オリーブ盆栽への挑戦

ハーブのような枝振りの実生のオリーブ盆栽

オリーブ盆栽とカタツムリ

３００本の実生のオリーブを育てています。そのうちの３本だけは、もしかすると、将来的にたくさんの実をつけて収穫用の新品種になるかもしれません。しかし、残りの２９７本のオリーブは、ほとんど実もつけず、ただ畑の片隅でひっそり生きています。

収穫した実を売って生計を立てているオリーブ農家は、実をつけないオリーブを育てません。趣味でオリーブを育てているわけではないので、２９７本のオリーブを抜いてしまうかどうか悩んでいるときに出会ったのが、和と洋がミックスされた「ＢＯＮＳＡＩオリーブ」です。

実生のオリーブは１つ１つまったく違う個性を持っているので、眺めていても楽しいですし、原種帰りするのか葉が小さい木が多いです。

果樹品種のように葉が大きいと、ただ苗木を鉢に植えたようにしか見えませんが、小さい葉だと大木のように見せることもできます。つまり盆栽向き。今のところオリーブ盆栽は僕の個人的な趣味ですが、いつか商品化してみたいと考えています。

オリーブ茶でテーブルオリーブを楽しむ

第6章

オリーブの売り方

1 インターネットショップがメイン

一番難しい販売

夫婦2人、小さな畑でオリーブを育てて生計を立てるために、栽培だけでなく搾油も販売も自分でやろうと決めました。実際は、やるしかない状況に追い詰められていました。他の選択肢があったかどうか今でもわかりませんが、とりあえず全部やろうということになりました。

しかし、農業と製造と販売はまったく違う仕事です。その違う仕事の中で、販売が一番大変だろう、ということが予想されました。というのも20年ほどの会社員時代も、作ることより売ることに苦労してきました。お客さんが求めている本当によい商品というのは売ることにそれほど苦労しません。しかし、そういう本当によい商品は、簡単には作れません。簡単だったら皆がもう作ってしまっていて価格競争が始まっています。そうなると、それこそ大きな会社の独壇場で、個人では太刀打ちできません。

本当によい商品を作るには、たくさんの時間とたくさんの失敗と運が必要です。何年かかるかわからないけれど、本当によいオリーブオイルを目指し続けるために、とりあえずオリーブ農家として食っていけるようになることが先決です。食っていくためにはオイルを買ってもらわないといけない。他の誰もやっていなかった有機栽培のオリーブオイルというのは、そういうことを考えて、最後に残った選択肢でした。有機栽培だから本当によいオリーブオイルが作れるとは限りません。ゴールに到達するためのいくつもの道の中から、有機栽培という道を通って辿り着きたいと、考えました。

農業に集中してあまった時間で販売する

その当時、国産の有機オリーブオイルというのは存在していませんでした。それに価値を感じてもらえるかどうかはわかりませんでしたが、都会で暮らしていた頃に、国産の有機農産物なら少々高くてもそれを選ぶという人たちがいることを肌で感じていました。全体の1％いや0・1％でも0・01％でも有機のオリーブオイルに価値を感じてもらえる人に買ってもらえば、そもそも生産量が少ない農家にとっては十分です。

そうなると、当面の問題は売ることではなくて、とにかく有機栽培でオリーブを育てることです。まずは本来の農業に集中して、売ることはあまった時間で何とかするしかないと割り切りました。畑仕事から帰って寝るまでの時間で、広告宣伝費はかけず、販売手数料も抑えられる販売方法となれば、思いつくのはインターネットショップくらいでした。

ブログで毎日のことを書く

僕も妻も会社員だったのでワードやエクセル、メールやネット検索くらいの最低限のパソコン操作はできましたが、その程度です。インターネットショップなんて、どうやったらいいか見当もつきません。しかし、オリーブを植えたばかりの頃は、売るものもなかったので、そのうち何とかなるだろうと、とりあえず畑でやっていること、考えたこと、日々の島での暮らしなどを思いつくままに、ブログの日記として書き始めました。

毎日、畑仕事が終わったら、読まれているのかいないのかわからないブログをアップし続けました。3年がたち、初めてオリーブの実が収穫できそうになったことをブログに書いた翌日、あるパン屋さんからそのオリーブの実を売ってください、というメールが届きました。

最初のお客さん、大磯のパン屋さんから届いた塩水漬けの写真

インターネットでオリーブの実が売れた

パン屋さんにオリーブの実を初めて売った翌日に、そのことをブログに書きました。渋みが強く生のままでは食べられないオリーブの生の実が売れるなんて思いもしていませんでしたが、そのブログをアップした日から次々メールが届き、その年の生の実は売り切れました。

一応これが、いつの間にか始まったうちのインターネットショップです。ちなみに、この年、農協に売るより高い値段で個人のお客さんに買ってもらえることがわかったことで、このまま木が大きくなって収穫量が増えれば、オリーブの栽培と実の販売だけでも食っていける見込みが立ちました。移住して3年で、家族3人がこの島で食っていけるメドが立たなかったら、あきらめて東京に帰るという約束を妻としてから3年目のことです。

2 わが家のネットショップの変遷

初期の簡易ネットショップ

ブログに商品のことを書いて、注文をメールでもらい、商品が届いたら、代金を振り込んでもらう、というのが初期のうちのインターネットショップです。その後、オリーブオイルやオリーブ茶の販売も始まりメールだけでは量的に対応できなくなりました。そこで、農園専用のホームページを作り、そこに、これまでのブログページの相互リンクを張り、ネットショップ機能（有料のショッピングカートサービス）を加え、初期のネットショップが完成します。

ブログと一体化した現在のネットショップ

初期のネットショップには、いくつかの問題がありま

有料のホームページ制作ソフトで作った初期の頃のサイト

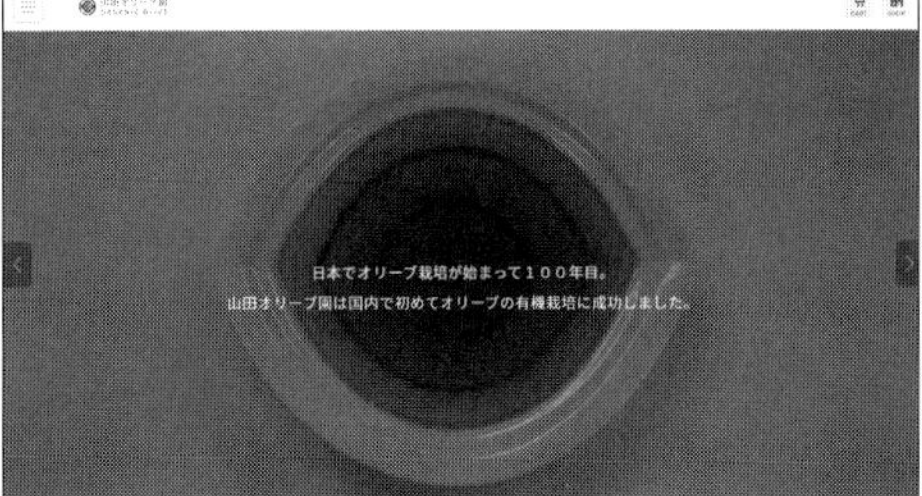

WordPressで作った現在のサイト

した。商品を販売するためのホームページなのに、ブログが読まれるだけで、そこからリンク先の農園のホームページに行く人が少ないため商品の販売につながりにくいということがわかってきます。何のために毎日、記事を書き続けているのかわからない状態です。また、当時使っていた有料のホームページ制作ソフトが、相当使いにくいものでした。

そこで、それらの問題を解決するために、プロに委託して、WordPressという無料のソフトを使ったブログと一体化したホームページを作ってもらいました。WordPressを選んだ理由は、最初の大きな作りはプロに作ってもらうとして、その後のメンテナンスや毎日のブログの記事のアップなどは素人でも簡単に自分でできることでした。あくまで商品を作っている本人が書く、ということにはこだわりました。小さい農家が、たくさんの宣伝費をかける大きな会社より有利なことは、顔が見える生身の人間が、失敗しながらでも、畑で何を感じ、何をしているかを、自分の言葉で伝えられることです。プロの写真家が撮った写真にライターが書いた文章では伝わらない、汗をかいている人間の肉声を自分の手で伝え続けることが大切だと考えています。

ちなみに、商品を注文し、支払い決済するカート機能サービスは、最初に使い始めたカラーミーショップを使っています。他にも、機能や手数料、価格などでいくつかのショップ機能を持つサービスを選べますが、比較的価格が安く、スマホ対応ができ、最低限のクレジット、コンビニ振り込み、代引きといった決済機能が使えるので、現在のカート機能で満足しています。

ネットショップのメリットとデメリット

ネットショップは、うちのような有機栽培の農産物や加工品を販売するのには、比較的相性がよい販売方法です。しかし、商品によって、お客さんによって、それぞれに最適な販売方法があります。参考までにネットショップのメリットとデメリットを書いてみます。

[メリット]
・販売の時間に縛られない。
・ネット環境がある人にはどこでも届くのでターゲットとなるお客さんが少なくてもアプローチが可能（地産地消ではなく都市部にも届く）。
・他の販売方法より比較的、販売の手数料が安い。
・お客さんと直接つながれるので、商品改善がしやすくリピーターになってもらいやすい。

[デメリット]
・農産物、食品なのに実物を手に取れない。
・ある程度のパソコンスキルが必要で、文章を書かないといけない。
・パソコン、スマホを使い慣れていない高齢者などからのアプローチは少ない。
・読み手任せなので、馴染みのない説得型の商品は売りにくい。
・受注〜梱包〜発送〜入金確認まですべて行わなければいけない。
・梱包発送のコスト、人件費がかかる。

有機栽培なら売れるのか

有機農家になってみると、同じ有機農家の人たちと話す機会があります。そこでよく感じるのは、有機農家を志す人の多くは、すごく農業が好きな人が多いということ。そして、そういう人に多いのは、よいものさえ作れば、誰かが必ず買ってくれるから売ることなんか心配しなくていいと思っていることです。もしくは信じているようにも見えます。

有機栽培で育てた農産物は絶対によいものでしょうか。僕たちのような有機農家が勘違いしやすいのは、農薬を使わず手間暇かけて作った農産物は、絶対によいものだと思い込んでしまうことです。そう思いたい気持ちは、同じ有機農家なのでよくわかりますが、有機農業というのは農産物を栽培するときに、農薬と化学肥料を使わないという条件を守っているだけともいえます。

人によっては、残留農薬の問題だけでなく、自然環境への負担を軽減し持続可能な農業を目指してみたり、僕のように虫好きができればあまり虫を殺したくなかったり、いろいろな価値観があります。その価値観に共感してくださる方に、少し高い値段分の応援をしてもらえるのが有機栽培の農産物というのが、現在の日本の状況のように思います。僕たちのような有機農家は、そういった応援をしてもらいながら、農薬や化学肥料は使わないことのその先にある、人の体の血肉となる本当によい食べ物を作っていけるのではないかと思います。

よい農産物というのは、それに含まれる栄養であったり、美味しさであったり、美しさであったり、値段であったり、環境への負荷であったり、人によってさまざまに違います。そういった違いがあることを冷静に受け入れた上で、自分の育てた農産物のことを丁寧に伝える努力、つまり売る努力をすることで、自分が信じる農業を続けていきたいと思います。

3 オリーブの売り方いろいろ

インターネットショップによる直販がうちのおもな販売方法です。ですが、ネットショップも万能ではありません。これまで、それ以外の方法を試してきたので、そのことにも少し触れてみたいと思います。

農協

うちでは農協へ出荷したことはありませんが、有望な販売先なので最初に記載します。小豆島では個人の農家の多くが農協に実を出荷しています。農協に集められた実は、オリーブオイルを搾って売る会社が買い取り、小豆島産のオリーブオイルとして販売されます。他の仕事がある兼業農家や定年後に畑仕事を楽しみたいという人には最良の出荷先です。また、広い畑があれば、そこに2000〜3000本ほどのオリーブを植えて、実を農協に持っていけば、専業農家としても生計が立ちます。もし、農業だけやりたいということであれば最良な販売方法です。ただし、うちのように有機栽培などの異なった付加価値を付けて違う価格で農産物を売りたい場合は、取り扱ってもらえないケースが多いです。

地域に農協がなければ、オリーブを搾油、販売する会社との契約栽培も選択肢の1つです。ただし、買い取りを打ち切られるなどのリスクや買取価格のダウン、厳しい出荷条件を守ることを求められる可能性もあります。

卸売業者や小売業者

ここからは、オリーブの実を搾ったオリーブオイルの販売方法です。オリーブオイルは、賞味期限が1年半〜2年くらいと長いので、在庫をある程度抱えることができます。オリーブオイルを加工、販売する個人もしくは中規模の会社は、おもに卸売業者や小売業者に販売しています。国産のオリーブオイルは、海外産の平均的なオイルより2〜3倍程度の価格で販売されている高額加工品です。スーパーなどではおもに大手の海外の安価なオイルが販売されており、国産のオイルはほとんど販売されていません。高価格帯の商品を扱うスーパーや専門店、百貨店などがおもな販売先となります。個人経営の農家の場合、小売店1つ1つに営業するのは非常に大変なので、卸売業者経由での販売になります。ただし、その卸値で収益が確保できるかどうかが、この方法を使うかどうかの選択基準になります。うちでは、ホームページに取り扱いたい旨の連絡をもらって、価格と数量その他の販売条件で合意できれば、小売店に個別に販売することもあります。この方法はネットショップのデメリットを、ほぼ解消することができる有望な方法ともいえます。

飲食店

食材にこだわる飲食店でも、油に高いお金をかけるお店は非常に稀なのが現状です。飲食店にくるお客さんが国産のオリーブオイルの価格帯をあまり認識していないため、飲食店側も使いにくいという事情があるようです。オリーブオイルを売りにしているような限られた飲食店での需要はありますが、基本的には、低価格大量販売といった交渉になることが多く、安定的な販売先としては難しいのが現状です。ときおり、有名店などに原価割れの価格で販売して、そのことを宣伝に使うような方法もありますが、そのようなやり方はうちではしていません。

商談会

２年間ほど、集中的に商談会に行き、直接オリーブオイルを販売したり、卸売りの商談をしました。商談会のメリットは、バイヤーや卸売業者、小売業業者と直接会い、試飲してもらいながら意見を聞けるところです。ネット販売だと、気に入って買ってくれた人としかコミュニケーションはしませんが、商談会は買わない人に買わない理由を聞ける機会になります。国産のオリーブオイルを商談会に持っていくと、値段の高さがネックになることが最も多いです。しかし、ネット直販で売れる商品は、商談会でも反応がよく、ネットで売れない商品は商談会でもイマイチということがわかってきたので、商品力を上げるしかないとわかり商談会には行かなくなりました。今後、新商品などの反応を見てみたいときには参加するかもしれません。

大阪で開催された商談会の様子

直販店

小豆島でも、大きな会社は直販店を持っています。全国各地でもオリーブの産地化を進めているようなところでは、観光農園や飲食店を兼ねた直販店を出して、商品を販売するケースが増えているようです。小さい農家にとっては、直販店は初期投資もランニングコストも大きすぎるので検討したことはありません。お店を借りて内装費をかけて、アルバイトを雇って販売するとなると、それに見合うだけの売上がないと合いません。商品点数も必要です。自宅や搾油所の一室、畑のオープンスペースなどで不動産コストをかけず、予約制で少量を販売することは可能ですし、うちでも見学会などを兼ねて販売することはありますが、主たる販売方法としては考えにくいのが現状です。

マルシェなどのイベント販売

新規就農者や有機農家などの参加率が高いのが、このマルシェなどのイベント販売です。昨今は地域おこしなどの流行と相まって、開催される市町村や頻度が増えています。うちも、頻度は多くないですが参加することがあります。オリーブ茶や塩漬け、オリーブ盆栽などの買いやすい値段の商品は比較的売れます。しかし、あくまでもイベントであり、主たる販売方法としては難しいかもしれません。お客さんとのおしゃべりや同じような農家の人たちとの再会など、販売以外での楽しみはあります。楽しむために行くと割り切って行く分にはおすすめですが、マルシェに定期的に行くことで販売努力をしているような錯覚をしないようにします。

高松で開催された小さなマルシェでオリーブ茶を販売してみる

4 価格の決め方

農協などに出荷する場合は、農産物の価格を悩む必要がありません。しかし、直販を前提にすると、価格は常に自分で決めなくてはいけません。価格を決めるときは、いつも悩みます。悩ましいですが、価格を決めるのは市場での商品価値を自分で決める、という商品作りの最後の仕上げです。

決めるときには3つのアプローチで考えています。まずは最低金額の目安です。原価や販売手数料など、そもそも作るのにかかったお金を計算し、「この金額を下回ったら作った分だけ損するライン」を明確にします。ちなみに、ここが農家の変則的なところですが、自分と家族の人件費はいったん外して考えます。次に、類似品の価格を調べます。いわゆる相場です。基本的に、この相場の平均的な価格で販売して、ある程度利益が出て、生産量が安定したときに家族が普通に暮らせるようならその価格でOKです。

しかし、難しいのは類似品がなく、相場感が掴めないときです。国産のオリーブオイルの相場はわかるけど、そもそも国産の有機オリーブオイルの価格は、まだ誰も付けていないような場合です。うちでは、有機栽培を続けていける最低の金額に設定しました（2019年産で120㎖、税抜4500円）。結果的にはこの価格設定で受け入れられたので、今のところ最初の価格から変えていません。

高めの設定にするか安めの設定にするか悩んでも決められないときは、高めの値段を取ります。いったん決めた価格は、下げることは簡単でも上げるのはとても勇気がいります。

それと、注意したいのが、価格を決めると、その価格が商品の価値やイメージ自体を構成する大切な要素となります。海外のオイルより高価格で販売されている国産のオリーブオイル＝高品質というイメージです。こういったイメージが定着していくには時間がかかりますが、壊れるのはあっという間です。価格に見合わない品質のオイルを販売することはできませんし、価格イメージにズレがある商品への原料提供などは慎重にしています。

コラム

小さい農業で加工と販売までするのは飽きっぽい人向き

実を売るだけでは食っていけそうになくて、仕方なく始めた加工と販売でしたが、10年たって振り返ると、つくづく思います。農業だけでなくてよかったと。

というのも、自分は畑仕事だけをずっとやっていると飽きてくるということに3年くらいたって気付いたからです。

農作業が好きで農家になりましたが、毎日ずっと草抜きと虫捕りばっかりやっていると、だんだん作業に慣れて、3年目くらいには徐々にマンネリ化してきました。そんな頃、実が少しずつ収穫できるようになったので、生の実をそのまま売るだけではなくて、塩漬けを作って売れないかと思いつき、苛性ソーダ以外で渋を抜く方法を試し始めたり、販売のためのホームページを作ったり、パッケージのデザインを考えたり、畑仕事とはまったく違った仕事を始めました。しかしパソコンに向かって仕事をしていると、今度は畑に行きたくなります。

たとえば、製造から販売までしている会社では、農業部門とか、製造部門、営業部門、管理部門のように分かれているわけですから、ずっと草刈りばっかりみたいな人もいて、それは結構、人によっては大変だろうと思います。

飽きっぽい人は、ずっと一人で畑仕事をし続けられないので、僕のように加工も販売もやるという手もあれば、兼業農家というのも性格に合った働き方なのかもしれません。製造や販売が苦手で、やはり農業中心にしたいということであっても、有機農家に多い少量多品目生産などは、植物の生態がまったく違うわけですから目先も変わってよさそうです。

それに、家族だけでやっている専業農家というのは、スケジュール管理の融通がききます。僕のようなオリーブ農家は、土日だからといって休みはありませんが、夏の日中とか、雨の日とか、冬の間とかは畑仕事はお休みです。遊んでいてもいいのですが、仕事と遊びを兼ねた副業をしてみるのもおもしろそうです。そうすることで、また新鮮な気持ちで畑仕事が楽しめます。

ちなみに僕の場合、ゾウムシ捕りはずっとやっていて飽きませんが、草刈りが苦手です。どんどん草が生えてくる梅雨前後は、とにかく頭を真っ白にして、虫のように仕事をすることにしています。

イラストレーターのオビカカズミさんに作ってもらったオイルラベルのデザイン

第7章

僕のオリーブ経営

1 夫婦2人で営農できる規模

うちは、500本のオリーブを半径1・5㎞圏内にある6カ所の畑で育てています。6カ所の面積は、合わせて約1ha。栽培管理は僕1人でやっています。数年前に7カ所700本まで広げましたが、草刈りとゾウムシの見回りが行き届かなくなったので、知り合いに畑を譲り500本に戻しました。有機栽培でなく農薬を使う一般的な慣行栽培でしたら3000本くらいまでの規模を管理している専業農家もいます。今後は、畑の集約や草刈りなどの作業の機械化などによる効率化、研修生の受け入れなど無理のない範囲で畑を拡大しつつも、これまで通りにやりたい農業を、やりたいペースで続けていく予定です。

2 夫婦2人の役割分担

小豆島に来て3年ほどは、農業の収入がほぼなかったので、妻は他の仕事をして、僕は農業に専念していました。3年がたち、いよいよ専業農家として食っていける目途が立ったところで、妻も合流し2人で一緒に仕事をすることになりました。テレビなどで観る一般的な農家のイメージがあり、何となく2人で農作業をするだろうなと思っていましたが、やり始めて、すぐに2人ともこれは違う、ということに気付きました。2人とも会社員として共働きをしていた頃は、朝夕以外は別々に過ごしていたのに、突然、一日中一年中、一緒にいることになりました。また、夫婦ではありましたが、仕事を一緒にすることは初めてです。専業農家というのは完全に仕事とプライベートが一緒になりがちです。日々仲良く暮らすためには曖昧にしたままのほうがいいことも多いですが、仕事となると突き詰めなくてはいけないことが多々あり、お互いが真剣なゆえにぶつかることも出てきました。そこで、それぞれができること、得意なことを別々に分担してやることにしました。畑仕事と搾油と販売は夫、加工と化粧品関係と経理は妻、出荷や顧客管理は2人でといった分担です。大きな組織で仕事をするのとは違いますが、1人だけでなく2人で一緒にやっていく専業農家だからこそ、自分たちに合った役割分担と仕事のスタイルを見つけることが、小さい農家の経営では、案外大切なことだと思います。

3 オリーブ農家に必要な道具

農家になって驚いたのが、農家が使うプロの道具というのは、使えない道具、使い勝手が非常に悪い道具、すぐに壊れる道具が意外とたくさんあるということです。お金がないのに使えない道具を買ってしまい、何度悔しい想いをしたことか。昔から使われてきた機能的な農具を大切に修理しながら使い、他分野で開発されたＩＴなどの技術を、お金をかけずに取り込む賢い農家でありたいと思います。

たくさんの失敗をしてきた道具の数々ですが、この道具は必要で使いやすいというものを紹介します。

①軽トラ

農家にとっては、最もなくてはならない道具が軽トラです。苗木や三脚、草刈機、一輪車など、土が付いている大きな道具を毎日運びます。

メーカーはどこでもいいし、新車でも中古車でもいいですが、農地周辺には未舗装の道も多いので4輪駆動の機能はあったほうが便利です。雨の日に、ぬかるんだ畑に入るような場面もたびたびあるので、うちはパートタイム4駆です。

また軽トラは基本的にマニュアル車が多いですがオー

トマでも問題ないと思います。中古車の場合はマニュアルが多いようです。マニュアルは必須ではありませんが、扱えたら安めの中古車が買えます。ただし、夫婦で農業をやる場合、どちらかがマニュアルが苦手な場合はオートマにしたほうが無難です。

②草刈機（刈払い機）

有機オリーブ農家の作業の8割は草を刈ることです。うちは草生栽培で畑に草を生やしていますが、冬以外は月に1回くらいは草を刈ります。最低限必要な刃はチップソー、ナイロンコードです。便利そうないろいろなタイプの刃を試してきましたが、使い物になるものはほとんどありませんでした。普通に使うなら、あまり安物ではないチップソー。オリーブの木の回りや石垣の際などはナイロンコードといった使い分けをします。いちいち刃を付け替えるのが面倒なので最低2台以上は所有しています。軽いほうが疲れないのですが、エンジンの排気量はナイロンコードも使えるように26cc以上にしています。

使ってみるとわかるのですが、少々重くても前後のバランスがよい草刈機は疲れにくいです。小石や土が飛散するので、防護メガネは必須です。農業用の安い透明プラスチックのメガネは隙間があったり強度が弱かったりで使えません。僕は本物のメガネとスノボ用のぴったり顔のラインにあったゴーグルを2重で使っています。

刃が違う草刈機。一番上がチップソー、真ん中がナイロンコード

軽トラで何でも運ぶ

③ショベル（スコップ）

オリーブを植えるときや移植のときには必要です。溝も掘りますし、穴も掘ります。僕は「金象印 根切りしやすい植木ショベル」（浅香工業）という刃先がまっすぐな

右が根切りしやすい植木ショベル

タイプのものを使っています。刃先が尖った普通のショベルより先がまっすぐなので、土への食い込みが安定して断然楽です。大きすぎるものより小ぶりなもののほうが、長時間作業ができます。

ちなみに、数百本の苗木を植えたり、成木の移植や田んぼの土壌改良などになると、ショベルでは太刀打ちできません。油圧ショベル、いわゆるユンボを使います。人間がショベルで1日かけて掘る穴をユンボは5分でやってしまいます。購入せずにレンタルが便利です。

※ユンボを使用するためには車両系建設機械運転技能講習の修了が義務付けられており、公道を走らせる場合には「大型特殊免許」が必要です。

④剪定バサミ・ノコギリ

剪定バサミは用途によって3つを使い分けています。一番頻繁に使うのは普通の樹木用の剪定バサミです。畑を見回るときにも腰に差して、ひこばえや交差枝、根元を隠す垂れた枝などの不要な枝を、他のことをしながらでもついでに切ってしまいます。ラチェット式太枝切りバサミも1つあると便利です。ラチェット機構（動作方向を一方に制限）という独自の仕組みのおかげで、太めの枝でもバサバサ落とせます。高くてノコギリが使えないようなところも、このラチェット式なら何度かに分けて切ることで、相当太い枝でも落とせます。もう1つは、摘果バサミです。普通の剪定バサミが入らないような細いところにも刃先が届きます。オリーブの盆栽作りやオリーブ茶作りなど、剪定バサミより細かい作業に向いています。

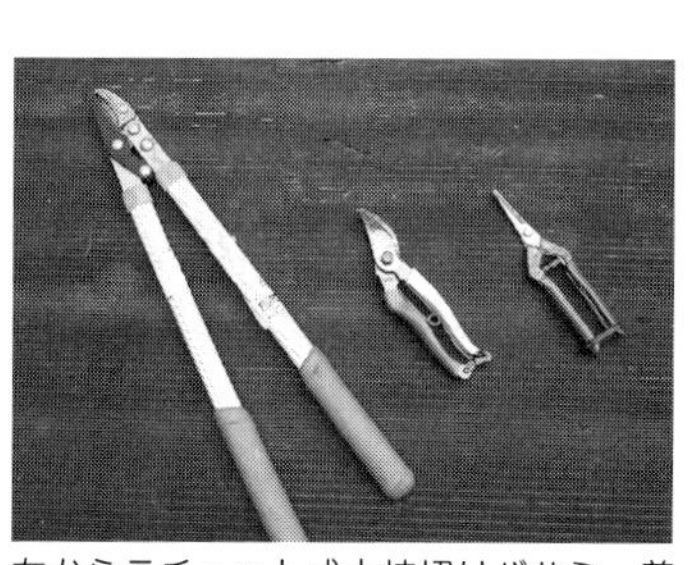
左からラチェット式太枝切りバサミ、普通の樹木用剪定バサミ、摘果バサミ

木が大きくなると、剪定に剪定バサミを使うことはほとんどなくなります。3m以上の成木の枝を1本1本ハサミで切っている時間もないし、効果もさほどないので、基本的にはノコギリで枝ごと落とすことになります。三脚の上で使うこともあるので、コンパクトなものが使いやすいです。ちなみに、間伐など太い幹を切る時用に、チェーンソーも便利です。海外のオリーブ農園で使われている高枝ノコギリも、いちいち三脚に上らなくていいのは魅力的です。また、電動の剪定バサミは、まだ使用したことがありませんが、省力化できる可能性がありそうです。

⑤収穫道具セット（収穫袋・三脚・コンテナ）

摘んだオリーブを入れるエプロン状の収穫袋、高いところの実を摘むための三脚、実を集めるコンテナの3つです。

収穫用の袋は、実が2～3kg入る市販の山菜採りの袋をうちでは使っていますが、小豆島の農家は、みかん等の柑橘類用の収穫袋を使ったり、口のところに丸枠がある入れやすい収穫袋を手づくりしています。山菜袋は小さめで体にフィットしているので疲れにくく三脚に上ったときも邪魔にならないというメリットがありますが、小さいので頻繁に採った実をコンテナに移し変えるというデメリットもあります。

三脚は樹高が高い木の収穫に使います。園芸用のアルミ製の軽いものが使いやすいです。園芸用以外の脚立などは地面に傾斜や凸凹がある畑での使用は危険です。60cm～3mくらいまで、高さを変えていくつか揃えると収穫が捗ります。収穫する木の高さによって三脚を替えるのがおすすめです。

摘んだ実はコンテナに移します。コンテナは市販のものので、洗える素材で、風通しのよいものであれば何でも構いません。うちでは、横520㎜×縦365㎜×高さ305㎜のものを使っています。サイズが違うのをいろいろ混ぜて使うと、1箱のだいたいの重さがわからなくなるので、同じ商品に揃えます。うちでは収穫のアルバイトさんに女性が多いので、20kgの今のサイズを半分のサイズに変えるべきかどうか迷っています。

⑥パソコン・スマホ

栽培管理記録の作成、有機JAS文書の作成、ホームページやネットショップの作成、日々のブログ記事の作成、各種資材の発注、天気予報の確認、注文の受注管理、発送伝票の出力、債権管理、青色申告書の作成などなど、仕事の多くをパソコン、スマホに依存しています。パソコンによって、小さい農家が離島で新規就農して、農産物を都市部のお客さんに買ってもらえています。パソコンと宅配便を使うことができるインフラさえあれば、日本中どこでも、あるいは日本に限らず世界のどこでも就農することが可能かもしれません。うちでは、パソコンを自宅と搾油所に1台ずつ置いており、畑仕事の合間に使っています。

⑦ゾウムシ捕獲セット（マイナスドライバー・虫入れ）

ゾウムシの幼虫を木の中から掻き出すためのドライバーです。できるだけ木の傷を小さくしたいので細めのもの（先端の幅が2～3㎜）をまずは使います。深めの穴を広げるときには細いドライバーは折れてしまうので、太めのものに替えます。軸の長さ、太さ、柄のサイズや素材などによって使い心地が大きく変わります。最初はいろいろなタイプのものを使用してみましたが、10年たって自分の手に合う2つが残りました。

ゾウムシの成虫をその場で殺さずに飼育箱で飼う場合に虫入れを使います。うちでは、100均で買った携帯用薬箱を使っています。ポケットに入れやすく、開け閉めが簡単です。また、蓋に付箋を貼って、成虫を見つけた木のナンバーを記録しており、とても便利です。

ゾウムシの幼虫捕獲用のマイナスドライバー

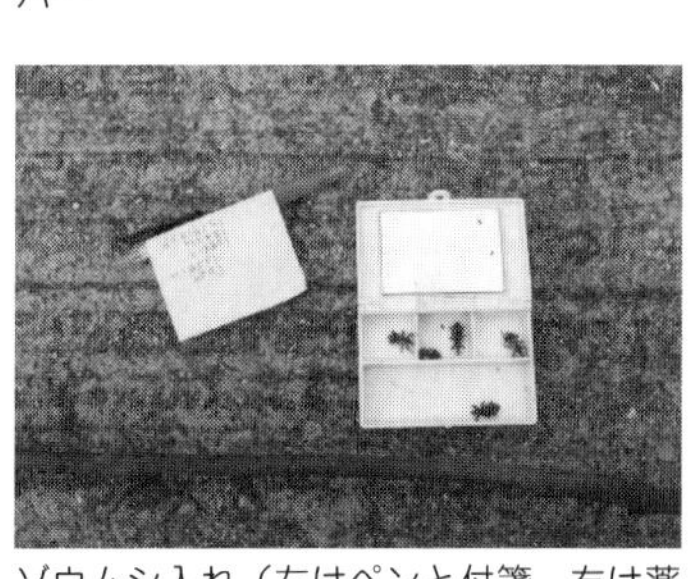

ゾウムシ入れ（左はペンと付箋、右は薬箱）

4 お金の話

会社員時代より収入は減ったが、生活はよくなった

オリーブの有機栽培を始めてから、栽培に関する質問が多いですが、お金のことを聞かれることもあります。

僕は40歳のときに会社を辞めて農家になろうと小豆島に移住しました。そのときにわからないながらもお金の計算はしました。今もしています。出ていくお金（家族の生活費、農業にかかるお金）と入ってくるお金が毎年どのようになりそうか、うまくいかなかった場合どうするかなどなど。

小豆島に移住して苗木を植えてからオリーブの実が生るまでの3年くらいは、お茶を作ったり、切り枝を売ったりしていましたが、ほとんどお金にはならず、貯金を切り崩していました。それでも、新しい畑を借りて毎年100本ずつ木を増やし、6年目くらいに家族3人が食えるようになりました。10年経って、木も大きくなり収穫量も増えてきたので、今は所得的には会社員時代に届きませんが、生活レベル的には同じかそれ以上くらいになりました。

会社員時代は夫婦で共働きをして給料をもらっていました。その当時もらっていた2人の給料の額には、今も届いていません。しかし田舎に住むと、買うにしても借りるにしても住むためにかかる不動産コストは格段に安くてすみます。また都会では土日くらいしか乗らない自動車は、駐車場代や保険、車検、ガソリン代もろもろかかりますが、田舎の農家が軽トラを農業のために使う分にはすべて経費になります。公に出ているような数字と、実際に暮らしていくのに個人農家が使えるお金は、違いがあるというのが実感です。

ちなみに、田舎は物価が安いとか、ご近所から魚や野菜をもらえるから食費が安いのではないかというのは誤解だと思います。多くのモノが集まりお店がたくさんあって競争が激しい都会のほうが、食品や生活用品はおおむね安いです。ご近所からのいただきものはありますが、いただけばお返しをするのが常識です。別に得しません。畑で野菜は作れますが、手間を考えると、ほとんどの場合スーパーの野菜のほうが必要な分だけを安く買えます。その他、水道光熱費、通信費、ガソリン代なども、小豆島のような離島は特に、都会よりすべて高くつきます。しかし、そういうことをひっくるめても、僕は島でオリーブ農家をやっているほうが、生活レベルはよくなったと感じています。

栽培だけなら初期投資は意外とかからない

ちなみに、農業、特に露地栽培の有機農業を始めるだけなら、初期投資は大してかかりません。大きな買い物は軽トラくらいですが、これも中古を買えば、それほどかかりません。軽トラ以外ですと、小さめの管理機、草刈機、パソコンくらいの出費で事足ります。ちなみに、農地は買えませんし、買う必要もなく、貸してもらえば十分です。投資額が大きいのは、自家搾油所の設置です。そもそも搾油所を持つかどうか、持つタイミングの見極めが大切です。

オリーブオイルの売上計算の考え方

次に売上の考え方です。最もメインの売上を占める可能性が高いオリーブオイルの売上はこんな感じで考えます。

売上＝（①1本当たりの収穫量×②木の本数）×③搾油率×④オイルの販売単価

①1本当たりの収穫量（単位：kg）

植えてから10年目の成木で10～20kgくらいになります。2倍の差がありますが、これは気象環境や畑の環境、栽培方法、木の間隔、品種などによって大きく変わります。想定する場合は低めに見積もっていたほうが無難です。また、収穫量は木を植えてから徐々に増えていきます。植えて3年目から少し実がつき始め、7～8年目には成木としての収穫量に達します。

②木の本数（単位：本）

木の本数は1つ1つの畑の広さと木の間隔の取り方で変わります。たとえば、うちでは約1haに500本を植えています。これは密植栽培といわれる状態で、現在、6m間隔を目標に徐々に間引いています。あくまでも目安ですが、1区画当たり10a（1反）の畑だとすると、木の間隔によって植える本数の目安は次のようになります（畑の形状により本数は変わる）。

3m間隔で40～80本
4m間隔で30～50本
5m間隔で25～40本
6m間隔で20～25本

③搾油率（単位：%）

第4章で説明した通り、うちの搾油所で使っているような1時間当たり40～50kgの搾油をする小さめの搾油機で搾ると5～15%くらいの搾油率になります。緑果を搾ると5%くらいの搾油率になり、完熟した黒い実で15%くらいです。搾油機のスペックや搾油技術によって変わるので、あくまでの参考数値です。

④オイルの販売単価（1kg当たり）

第6章の「価格の決め方」に書いたように、価格を決めます。とりあえず仮の価格を決めるとすれば、自分が売っていきたいオイルと近い商品の価格を参考にします。

費用は始めてみないとわからない

最後に、費用の考え方です。おもにかかる費用は、農業の材料費に当たる種苗費、肥料費、農具費、農薬衛生費などと、収穫や草刈りのアルバイト代となる雇入費、水道代や電気代、ガソリン代などの動力光熱費、保険料としての農業共済掛金、減価償却費、梱包資材や宅配便の配送料の荷造運賃通信費、外部への作業委託費、消耗品費、パソコンやスマホの通信費、販売に関わる販売手数料など多岐に亘ります。

まずは、自治体の農政担当窓口に相談しに行くことをおすすめします。僕は農業改良普及センターでもらったオリーブ農家の農業所得の内訳表と、日本で代表的な果樹（りんご、みかん、ぶどう、なし、桃）農家の数字を参考にしました。

しかし、実際の費用は、始めてみないとわからないというのが実感です。就農前に作った中期計画書の数字と実際にやってみた結果の数字は、びっくりするくらい違いました。一般的に税務書類をもとにすると、費用は多めに書かれる傾向があり、農業を推進する部署の費用は少なめに書かれている傾向があります。

経験上、注意すべき費用が4つあります。

1つめは、経営的に安定期に入ったら農業共済などの保険は出し惜しみせず入っておいたほうが無難です。

2つめは、宅配便などの運賃にかかる費用が意外と大きいです。

3つめは、アルバイトなどの人件費です。どこまでを家族でやって、どういうときにアルバイトをお願いするか、費用としては大きくなりがちですので、人に依存しない方法があれば手元に残る所得が増えます。

最後の4つめは最も差が出る販売の手数料です。ネットショップのように数%のものから百貨店などのように非常に高い掛け率を要求されるところまでさまざまです。少量生産にならざるをえない小さい農家だからこそ、利益率を少しでも上げるために、販売手数料を低めに抑える方法を検討します。

5 有機ＪＡＳのメリット・デメリットの本当のところ

まず、誤解がないように最初に伝えておきたいのは、僕は有機ＪＡＳの認証を受けているので、どうしても有機ＪＡＳにメリットがある側の立場でものを考えがちです。できる限り、片方の立場に偏らないように書いてみますが、完全にはそうならないと思いますので、そのつもりで参考にしてください。

有機ＪＡＳとは何か

最初に、そもそも有機ＪＡＳとは何かということを農林水産省のホームページ「有機食品の検査認証制度」からポイントのみ抜粋してみます。

・制度の概要

ＪＡＳ法に基づき、「有機ＪＡＳ規格」に適合した生産が行われていることを第三者機関が検査し、認証された事業者に「有機ＪＡＳマーク」の使用を認める制度。農産物及び農産物加工食品は、有機ＪＡＳマークが付されたものでなければ、「有機○○」と表示できない。

・有機ＪＡＳ規格とは

諸外国と同様に、コーデックス（食品の国際規格を定める機関）のガイドラインに準拠し、農畜産業に由来する環境への負荷を低減した持続可能な生産方式の基準を規定。有機農産物にあっては、堆肥などで土作りを行い、化学合成肥料及び農薬の不使用を基本として栽培。これらの生産に当たっては、遺伝子組換え技術は使用禁止など。

・有機認証制度の相互承認

有機認証について他国の制度を自国の制度と同等と認め、相手国の有機認証品を自国の有機認証品として取り扱う国家間の取り決め。現在、ＥＵ、スイス、米国、カナダと有機農産物及び有機農産物加工食品の認証制度について、相互承認をしている。

わかりやすく要約すると、ポイントは3つです。
・有機JASマークを農産物などに付けるためには第三者機関による検査をパスしなければならない
・持続可能な栽培方法であり、化学肥料や農薬、遺伝子組換え技術は使えない
・EU、スイス、米国、カナダが持つ有機認証品と同等の制度として表示できる

有機JASというのは有機栽培を促進するための制度だと思われがちですが、それは誤解です。この制度ができるまでは、有機栽培、オーガニック、無農薬、減農薬、自然栽培などの表示を農家が勝手にしていました。ここに一定のルールを作り、紛らわしい表示から消費者を守るためにできた制度なのです。なので、悪い農家から消費者を守るために作られた有機JAS制度は、そもそも農家が使いやすい制度としては設計されていません。それでも有機JASを取得するかどうか、ということを判断する必要があります。ちなみに、有機JASの制度がある今でも、「無農薬○○」といった農産物が売られている状況は残念ながら続いています。

有機JASのメリット、デメリットについて考えるときには、化学肥料や農薬を使わない有機栽培にするか、決められたルールの範囲で農薬などを使用する慣行栽培にするかどうかという選択肢と、化学肥料や農薬を使わずに栽培するけど有機JASの認証を受けないという選択肢を比較する必要があります。

有機栽培のメリット

安心、安全な食品である印象をお客さんに持ってもらえます。農薬を使用したからといって危険な食品ではありませんが、もし有機栽培と慣行栽培で育てられた味も見た目も値段も同じ農産物が市場に並べて売られていたら、ほとんどのお客さんは、有機栽培のものを買うでしょう。つまり選んでもらいやすいというのが最大のメリットです。

2つめは生産者である農家にとって農薬のストレスが少ないというメリットがあります。農薬といってもいろいろな農薬があり、有機JASでも使用できる農薬もあります。そんな農薬の中でも一部の農薬は、通常の使用では問題はないものの、希釈前には毒性があり、その取り扱いの仕方や噴霧された農薬の長期間の吸引などにより完全に無害とは言い難いものもあります。そもそも虫

や菌を殺すのですから農薬の種類によっては有害であることは当たり前です。

3つめの有機栽培のメリットは、自然環境への負荷が少ないことです。農薬を使用しないことで、虫や菌などの多くの生き物を生かしたまま土を育てます。森や川、海といった畑地と隣接する自然環境の破壊や汚染も、慣行栽培と比較すると少ないです。ちなみに、農薬を使用した慣行栽培は農家にとっても自然環境にとってもストレスになっているとまではいえません。そもそも農薬は進化しており消費者や農家にとって健康被害が出るようなことはなく、自然環境に関しても畑自体が完全な自然ではないことから、十分な許容範囲内で人間による営農が行われています。ただし、有機栽培の農産物を買うお客さんは、自分にとっての安心、安全だけではなく、自然環境などへも配慮する有機農家の姿勢と思想に共感する人が増えているという実感があります。

有機栽培のデメリット

有機栽培の最大のデメリットは手間がかかることです。手間がかかるので農産物の値段が高くなるか、値段に転化できない分の人件費を農家が自分で負担することになります。たとえば、オリーブの有機栽培では、オリーブアナアキゾウムシの見回りのために真冬以外は毎日木をチェックして手でゾウムシを捕まえます。また、日頃から、その見回りをしやすくするための環境整備を、1年を通して行います。しかし、慣行栽培では定期的に農薬を噴霧することがメインの防除方法です。手間とは言い換えれば人件費です。その人件費の負担を、商品の値段としてお客さんと農家が負担することになります。農家としては、かかった人件費分をそのまま価格に上乗せしたいのですが、実際にそうすると値段が高くなりすぎて買ってもらえません。農家もある程度の負担はする必要があります。ただし、農薬を使わない代替方法のコストがとても小さい農産物や、負担は大きいが、お客さんが高くても買ってくれる農産物であれば、自然に有機栽培に切り替わっていきます。ただし、最終的には市場での供給量が増えるため、選んでもらいやすいという有機栽培ならではのメリットもなくなります。

2つめのデメリットは、有機栽培は、農産物の見た目が悪くなったり、質そのものが落ちることがあります。傷があっても気にしないというお客さんもいますが、多くの場合そうではありませんし、傷や病気により風味が損なわれるといった質自体の低下も発生する確率が高くなります。

3つめのデメリットは、収穫量が相対的に有機栽培の方が少なくなることが多いです。化学肥料を使用する代わりにいろいろ工夫して土を作っても、オリーブの場合は、収穫量では慣行栽培に勝てません。これは僕の有機栽培の技術的な未熟さゆえかもしれませんが、化学肥料を使えば、特に技術はなくても、ある程度の量を収穫することが可能です。実の収穫量は農家の収入に直結するので、大きなデメリットといえます。

4つめは、デメリットというほどではありませんが、有機栽培農家に対する差別や偏見はどうしても存在します。都会に住んでいたときに感じていた有機栽培やオーガニックなどのプラスのイメージは、地方、特に農家の中ではプラスではなくマイナスに働くこともあります。普通に農水省が使用を認めている農薬を使って慣行農業をしている農家にとって、そのことを否定しているかのような有機栽培農家に対しては好感が持ちにくいというのは当たり前です。基本的には、地域に関係なく慣行栽培の農家からの風当たりは強めです。昔ほどではないにしても、ある程度の覚悟は必要です。

有機ＪＡＳを取得しない有機栽培農家もいる

農薬や化学肥料は使わずに栽培しているが、有機ＪＡＳの認証は取らずに農産物を販売している農家がいます。これは、有機ＪＡＳの認証制度に対してデメリットもしくはメリットが感じられないためこのような選択をしているのではないかと思われます。

具体的な理由がいくつかあります。1つめは、事務負担の大きさがあります。年に1回の検査時には毎年、多くの書類を作成します。ちなみに、うちの今年の申請書の分量を数えてみるとA4用紙40ページ分くらいの分量がありました。農業とは別に、パソコンを使って多くの文書を作る技術と時間が必要です。2つめは、お金を払うということです。認証を取得するには年に1回義務付けられている現地調査などもあり、そのためにかかるお金は農家が負担します（うちの場合は有機農産物調査手数料、有機加工食品調査手数料、調査員の交通費などの実費、合わせて約10万円前後）。3つめは、手間とお金を掛けて有機ＪＡＳに認証されなくても、同様のメリットを得ることができると考える人がいます。有機ＪＡＳの認証を受けていないので有機○○という言い方をすることはできませんが、たとえば自然栽培や自然農法といった表示は検査機関の認証は不要です。本当は無農薬という表示はしてはいけませんが、必ずしも守られていません。わざわざ時間とお金を使って有機ＪＡＳの認証を取得する必要を感じないと考える人がいても不思議ではありません。また有機栽培で使用できる農薬や有機肥料などのルール自体に懐疑的な農家もいます。

有機栽培か慣行栽培か、選択の考え方

最後に、有機栽培（＝有機ＪＡＳ認証）を選ぶか、慣行栽培を選ぶかの現実的な線引きをどうするかということに関しての僕の考えです。まず、思想的な理由、譲れない価値観、農薬過敏など体質的な問題がある場合は、線引きは必要ありません。とにかく有機栽培もしくは、さらに厳しい自然栽培といった方法を選ぶことになります。しかし、そうではなくたとえば、新規就農するときに、できれば農薬を使わずに農産物を育ててみたい、というくらいでしたら、どちらを選ぶかを決めるときに線引きが必要です。

僕の線引きは、やはり農家として食えるかどうかです。趣味の家庭菜園でしたら、少々トマトが虫に食われてもまったく問題ありません。しかし農家は職業であり仕事なので収入が必要です。今からやろうとしている農産物を有機栽培で育てた場合にかかるコストを、お客さんからの売上と自己負担分で回収できるかどうかが大切です。農産物といっても有機栽培が簡単なものもあれば、どうやっても不可能なものもあります。お客さんにとって有機栽培のメリットを感じやすいものもあれば、特にメリットを感じないものもあります。加工の仕方や販売方法などによっても変わってくるので、やってみないとわからないというのが実際のところですが、やってみた上で、これは難しいということになれば、慣行栽培に変えるのか、農業そのものをやめるのか柔軟に判断するしかありません。

最後に、それでも僕は、関係ない虫まで殺さない有機栽培が気に入っていますし、大変ですが有機ＪＡＳの認証は受けておこうと思います。有機ＪＡＳのもう1つのメリットは、第三者機関の目が年に1回は入り徹底的に記録を残すということです。誰の目にも触れず個人です

べてやる農家だからこそ、自分を律するこの仕組みは有効だと思います。そういう意味では、有機ＪＡＳ以外でも、最近始まったＧＡＰでも構いません。将来的には認証費用の無償化、書類作成、検査の簡便化などによりすべての農家に対して第三者機関からの検査体制が確立されるべきだと思っています。

加工所にも有機認証が必要

ちなみに、有機オリーブオイルを搾油する場合は、農産物の有機オリーブの認証とは別に、有機ＪＡＳに認証された加工所で搾油する必要があります。国内で有機ＪＡＳ認定されたオリーブオイルの搾油所は非常に限られているため、有機オリーブオイルを製造する場合は、自家搾油所を作って有機ＪＡＳ認証を受ける必要があります。有機ＪＡＳに認証されていない搾油所で有機オリーブを搾油しても有機オリーブオイルとしての販売はできません。

6 オリーブ農家にあると便利な資格

就農するときに、そもそも農家になるのに何らかの資格が必要なのか、ということを調べました。結論は、農家になるのに絶対に必要な資格というのはありませんでした。農産物を育てて収穫し誰かに売るというのが農家だとしたら資格は必要ありません。しかし、農家になって10年ほどすると、いつの間にか、いくつかの資格を取っていました。ないと困る資格やあると便利な資格があります。

①自動車運転免許（ないと非常に困る資格）

うちの農園は自宅から車で10分ほどの距離のところに6つバラバラにあります。なので、自宅と畑が離れている農家は移動手段として自動車が必要になります。自宅の前に畑があるような恵まれた人でも、農産物や農具の運搬に自動車が必要です。

また、多くの農家は田舎にあります。都会のように電車やバスなどの公共交通機関が十分ではありません。農業以外の買い物などの日常生活でも、田舎は車の必要性がおおむね高いです。自動車がないととても不便です。

これから農家になろうという人で自動車免許を持っていない人は、免許だけは取っておくことをおすすめします。免許は可能な限り普通自動車免許がいいかもしれません。オートマ限定免許ではダメとまでは言い切れませんが、なぜか軽トラなどの農家が使う車はほとんどがマニュアル車です。軽トラの中古車などは、ほぼマニュアル車です。少しがんばってマニュアル車も運転できる免許を取ってしまったほうが便利です。

②「大型特殊免許」と「小型車両系建設機械の運転業務に係る特別教育」（あると便利な資格）

畑を整備するときの初期投資を大幅にカットできる資格がこれです。大型特殊免許は畑の開墾で大きな力を発揮するユンボ（ショベルカー）を公道で運転するための免許です。取得には合宿免許で4日ほどかかり費用は8万円前後だったと記憶しています。加えてユンボを操作するための「小型車両系建設機械の運転業務に係る特別教育」を受講する必要があります。学科1日、実技1日で費用は5万円くらいでした。たとえば荒れ地を開墾するとか、田んぼを畑に転換する場合などは大型重機が必要になります。土木業者に委託することはもちろん可能ですが、自分でレンタルして重機を操作すれば初期投資を大幅にカットできます。「大型特殊免許」は公道を走らなければいりません。たまに必要になる程度なら、免許を持っている人に運んでもらえればOKです。

③自治体の「認定農業者」の認定（あるとお得な資格）

自治体などから補助金をもらう場合の受給条件になります。農業の5カ年計画書を作成し管轄の自治体に提出、指導を受け認められれば認定農業者になります。費用はかかりません。うちは搾油機の購入費の半額を補助してもらいました。その他、農協などに所属しなくても自治体からの情報を入手できるようになります。ちなみに、どこかの田舎に移住して農家になっても特に届け出などは必要ありません。なので、最近の新規就農者などはいきなり農業を始めている人たちも多くいます。しかし、農協の組合員になるとか認定農業者になるなどしないと、基本的には公的機関はいっさい関知せず支援もしません。気軽に自治体の窓口に相談してみるとよいと思います。

補助金に対しての考え方ですが、もし、自分が必要であろう物やサービスを買うのに、使える補助金があれば、使わせてもらいます。補助金があるから必要でもないのに何かを買うのは本末転倒ですが、必要なものを買うときに補助金をもらえるなら喜んでもらいます。そういうときに認定農業者になっておくことが必要です。ただし、補助金をもらっても無料では買えません。自分が負担した金額分の初期投資が回収できるかは冷静に判断します。

新規就農をする場合には、一定の基準をクリアすれば、農業次世代人材投資資金（旧青年就農給付金）という補助金が使えます。経営開始型というものであれば、農業を始めてから経営が安定するまで最長5年間、年間最大150万円、計750万円がもらえます。夫婦で就農する場合には1・5人分の1125万円もらえます。果樹農家は最初の3年くらいはほぼ無収入になるので、本当に助かると思います。ちなみに、僕が新規就農したときは受給対象年齢が40歳未満だったので、ギリギリもらえませんでした。ちなみに今（2020年）は50歳未満です。

青年就農給付金をもらうと、農業に対する真剣さが減るとか、途中で就農したくなくなっても辞めることができないから問題がありそうとか文句をつけていましたが、単に自分がもらえなかった負け惜しみです。補助金は期限があり、いつ打ち切られるかわからないということはわかった上で、もらえるときに、もらいます。

④「食品衛生責任者」の取得と「食用油脂製造業」の施設許可（ないと困る資格）

オリーブオイルを自家搾油する場合に必要な資格です。搾油を外部に委託する場合は必要ありません。自分で施設を所有して製造する場合に必要になります。食品衛生責任者は1日講習を受ければ取得できます（講習料として1万円必要）。

また、保健所による「製造業」の許可は手続きと段取りが大変です。保健所が定めた施設の設計、仕様のルールが厳格にあるため、施設を作る前に相談を始め、わからないことは確認しながら施設を改修していくことになります。作ってしまった後に保健所の検査が入り許可が下りないと営業できません。ここは面倒でも丁寧に相談しながら進めなくては後が大変です。香川県の場合「食用油脂製造業」の申請費用は2万1000円でした（都道府県により異なる）。

⑤有機ＪＡＳ関係の資格（あると便利な資格）

有機農家になるための資格です。人の資格と畑、加工所といった場所の認証が必要です。まずは講習会で、有機農産物の生産行程管理責任者／有機農産物の格付担当者／有機加工食品の生産行程管理責任者／有機加工食品の格付担当者、などの資格を取得します。

事務の手間が大きいのは有機農産物ほ場の認証申請と有機加工食品加工場の認証申請です。大量の文書作成が必要で年に1回の実地調査が入ります。最初の申請書作りが大変で、畑の認証を受けるための書類の作成時間は1カ月くらい、加工場も同じく1カ月くらいパソコン作業を覚悟する必要があります。

小さい農家の学び方

学び方というのは、人によって千差万別です。それぞれに合ったスタイルや、時間やお金などの制約もあります。僕は、大学こそ農学部を卒業したものの、そこで学んだことを忘れてしまっていて、そもそも実践的な農業は学んでいなかったので農業大学校に通うことを検討しました。しかし、島からの通学が不便だったこともあり実践しながら学ぶことにしました。

基本的な学び方は、たとえばオリーブの場合、最初は一般の人向けの趣味の園芸書にざっと目を通します。日当たりや水はけなどの基本的なことだけを理解したら、すぐに植えます。育て始めるとわからないことが次々起こります。そのわからないことを解決するために、参考になりそうな本があれば読み、本がなければネットを探します（特に参考になった本は182ページに記載）。ちなみに、ネット上にある情報の中では検索順位は低めですが、大学や公的機関が公表している論文類は信頼性が高く重宝しています。それ以外に、有料の講座やプロから指導を受ける機会があれば積極的に参加します。基本的には価値ある情報はお金を出さないと得にくいと思います。

参考になりそうな情報は使い、そのような情報がなければ、自分で考えて、できる限り、その対処方法が正解だったのかどうかをわかるようにして試します。わからなければ、いくつかの方法を試し続け、それでもわからない場合は、いったん棚上げにします。もしかすると、何年後かにポンとわかることもあるし、わからなくても何とかなることであれば、忘れてしまいます。農家は研究者ではなくプレーヤーなので、わからないことはわからないこととして、そのままでも構いません。

著者の本棚

基本的には、オリーブアナアキゾウムシからオリーブを守る方法も、搾油でオリーブオイルの風味を高める方法も、ホームページへのアクセス数を増やす方法も同じパターンで学びました。まずはざっと調べて、すぐにやってみる、やって問題が起これば現実的に対処しながら学びます。そのほうが結局は早いということもありますが、何より楽しいというのが大きいのかもしれません。時間が何より貴重です。若い頃のように、役に立つかどうかわからない話を延々聞いている余裕はありません。単に教えることが仕事の教育系の会社だった前職の反動が出ているだけかもしれませんが、自分で実践する楽しさを感じています。

おわりに

子どもの頃は虫捕りばかりしていました。お堀の柳の木を、まさに飛び立とうとして羽を広げたゴマダラカミキリ、ショウリョウバッタのオレンジの卵を食べるオオカマキリ、人間の気配に敏感ですぐに逃げられてしまう透明の羽が美しいツクツクボウシ。子どもの頃の夢は、虫博士になることでした。

しかし中学生になって、虫捕りばかりしていては親を心配させるんだということに気付き、いつしか虫のことは忘れ大人になっていました。それが突然、虫のことを思い出してしまいます。虫捕りばかりして暮らせたらどんなに楽しいだろう。サラリーマンを辞めて、小豆島でオリーブを植えたら、もしかすると虫捕りが、またできるかもしれない。

オリーブ農家になって、誰もやっていないことをやろう、と有機栽培を始めた経緯に嘘はないけれど、本当のところは、仕事にかこつけて毎日、虫捕りをして暮らしたかったから、と言ったら妻は許してくれたでしょうか。

オリーブアナアキゾウムシを捕まえるために毎日、オリーブ畑に向かいます。大変ですね、と言われるたびに、申し訳ないような気持ちになるのは、仕事でやっているというよりは、好きでやっているからかもしれません。

毎朝、庭先に置いてあるゾウムシの飼育箱の様子を見る。ゾウムシたちが元気よく動き回っているようなら、オリーブ畑のゾウムシも元気。軽トラの窓を全開にして、頬に当たる風の温度と湿度を感じたら、どの畑に向かうか考える。雨

オリーブ畑にやってきたカブトムシ

上がりの湿気が上がって霧が出ているから、最初はあの畑かな。ヤマを張って向かったオリーブの木に一発目からゾウムシがいたときには、一人小さくガッツポーズ。

40歳のとき、妻の故郷で手持ち無沙汰になってみかん畑で竹を切っていたら、どうしても死ぬ前に、もう一度虫捕りがしたくなりました。虫博士にはなれなかったけど、虫ばかり探すのが今の僕の仕事です。

二〇二〇年　春　　山田　典章

参考文献一覧等

●オリーブ栽培でおすすめの本

僕がオリーブ栽培にあたって何度も読み、参考にしてきた本です。

・『育てて楽しむオリーブ栽培・利用加工』柴田英明編（創森社、2016）
・『有機栽培の果樹・茶つくり』小祝政明著（農文協、2011）
・『有機農業コツの科学』西村和雄著（七つ森書館、2004）
・『せん定を科学する』菊池卓郎・塩崎雄之輔著（農文協、2005）
・『雑草と楽しむ庭づくり』ひきちガーデンサービス（曳地トシ＋曳地義治）（築地書館、2011）

ゾウムシを探す

●本書の参考文献

・ルーラル電子図書館　登録農薬情報（農文協）
・平成27年度病害虫発生予察特殊報第1号（静岡県病害虫防除所）
・平成29年度病害虫発生予察特殊報第2号（香川県農業試験場病害虫防除所）
・「静岡県におけるオリーブ白紋羽病の発生」（外側正之（静岡県柑橘試験場）、『関西病害虫研究会報』1991）
・Variability in Susceptibility to Anthracnose in the World Collection of Olive Cultivars of Cordoba (Spain) (frontiers in Plant Science, 2017)

●信頼できるオリーブの苗木販売農家（農文協調べ）

品質のよいオリーブの苗木を販売されている農家です（情報は2020年現在）。扱っている品種や苗の種類などの詳細は、直接お問い合わせください。

㈱小豆島岬工房　苗木の販売は季節限定。
〒761−4304　香川県小豆郡小豆島町室生甲167
電話　0879−75−1303　FAX　0879−62−8108　ホームページ　https://www.misaki-koubou.jp/

空井農園　苗木はホームページでも販売。
〒761−4411　香川県小豆郡小豆島町安田甲1372−1
電話　0879−62−9688　FAX　0879−82−3689　ホームページ　http://sorai-olive-farm.com/

●小豆島でのオリーブ栽培を検討している人の相談窓口

香川県小豆農業改良普及センター（香川県小豆総合事務所農業改良普及課）
〒761−4301　香川県小豆郡小豆島町池田2519−2
電話　0879−75−0145　FAX　0879−75−2477

著者略歴

山田　典章（やまだ　のりあき）

オリーブ専業農家。香川県小豆島の山田オリーブ園園主。1967年佐賀県生まれ。岡山大学農学部を卒業後、ベネッセコーポレーションに入社、保育事業などの立ち上げに携わる。2010年から小豆島に移住し、新規就農。日本で初めてオリーブの有機栽培に成功し、オリーブ栽培としては初の有機JASに認定される。

山田オリーブ園のホームページ
https://organic-olive.com

これならできる　オリーブ栽培
有機栽培・自家搾油・直売

2020年6月5日　第1刷発行

著　者●**山田　典章**

発行所●一般社団法人 農山漁村文化協会
〒107-8668　東京都港区赤坂7丁目6-1
電　話●03（3585）1142（営業）　03（3585）1147（編集）
ＦＡＸ●03（3585）3668　振　替●00120-3-144478
ＵＲＬ●http://www.ruralnet.or.jp/

DTP製作／㈱農文協プロダクション
印刷・製本／凸版印刷㈱

ISBN978-4-540-20100-4
〈検印廃止〉